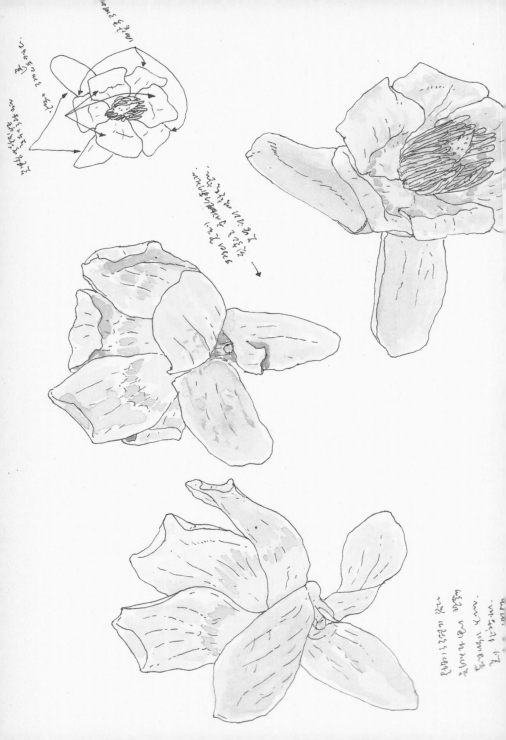

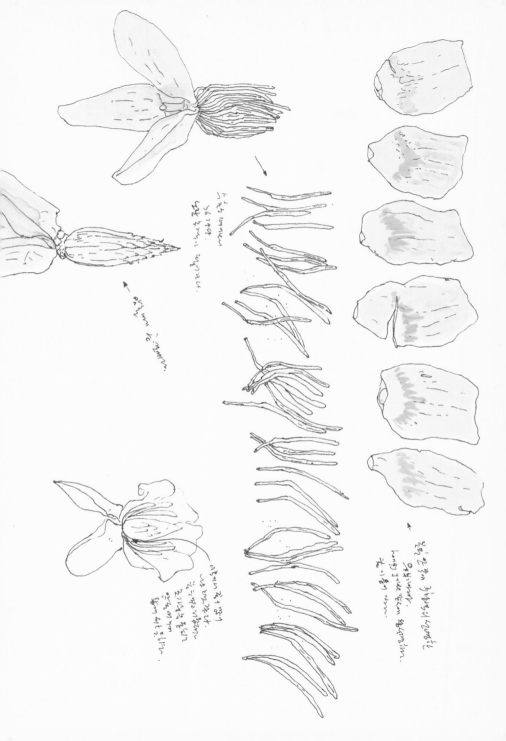

오늘은
빨간 열매를
주웠습니다

오늘은
빨간 열매를
주웠습니다

황경택의 자연관찰 드로잉

글 · 그림 황경택

가지
KINDS
BOOK

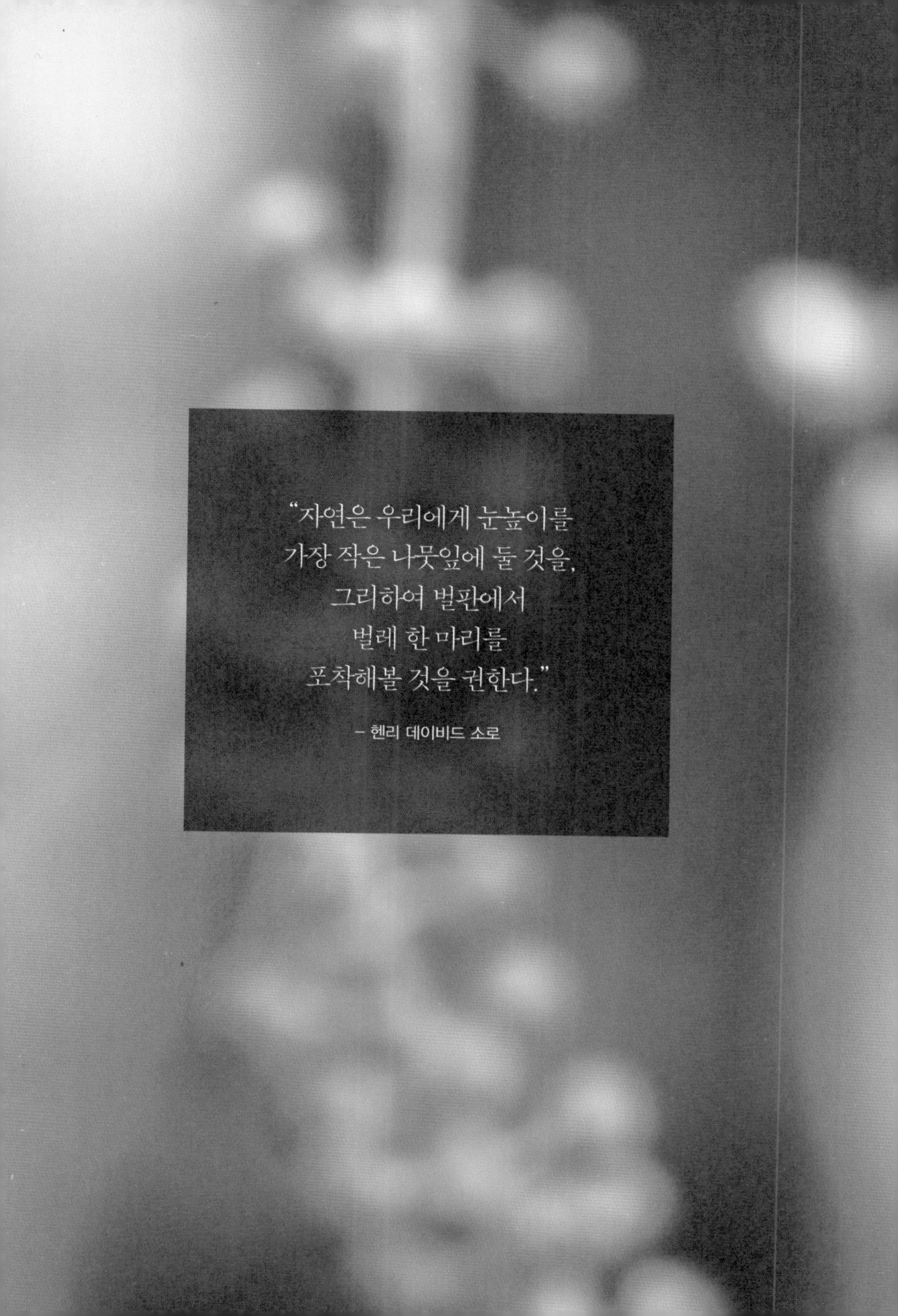

"자연은 우리에게 눈높이를
가장 작은 나뭇잎에 둘 것을,
그리하여 벌판에서
벌레 한 마리를
포착해볼 것을 권한다."

– 헨리 데이비드 소로

느릅나무

"나는 깨달았다.
그려보지 않고는
진정으로 볼 수 없다는 사실을."

– 프레데릭 프랑크

차
례

씨 앗

아무것도 소멸하지 않는다.

205

기 타

모든 생은 저마다의
흔적을 남긴다.

309

사진보다 드로잉

요즘 자연에 눈을 돌리고 관찰하는 취미에 빠진 사람들이
늘고 있다. 대부분은 카메라를 메고 들로 산으로 나가서 꽃
도 찍고, 곤충도 찍고, 새도 찍으며 자연 속의 한때를 만
끽한다. 그런데 그 목적이 자연관찰에 있는지 사진촬영에
있는지 알 수 없을 때가 종종 있다. 사진 찍는 재미에 빠져 관찰은
뒷전인 경우가 많기 때문이다.
　자연을 보려고 꼭 멀리 갈 필요는 없다. 우리 인간이 자연의 일부이듯 도시도 자
연환경의 일부이기 때문에 관찰 대상은 어디에서나 찾을 수 있다. 중요한 것은 장소
가 아니라 대상을 더욱 깊숙이 관찰하고 잘 기록하려는 태도이다. 그러기 위한 방법
으로, 나는 카메라 대신 작은 스케치북과 펜을 손에 들라고 권하고 싶다.

우리는 모두 타고난 화가다

나는 미술 전공자가 아니다. 그러니 드로잉의 실기에 대해 아주 진지하게, 기본기부
터 착실하게 배우라고 가르칠 생각은 없다(물론 모든 일이 그렇듯 잘 해내기 위해서는 그만큼
의 연습이 필요하다). 나는 그저 어릴 때부터 그리는 것을 좋아한 아이였고, 대학에 다
니면서 돌연 만화에 심취해 졸업 후 만화가의 길을 걸었고, 생태교육가로 사는 지금
은 자연물을 주로 그리고 있다.

내게 그림은 정말로 고마운 제2의 언어다. 말로, 글로 다 표현할 수 없는 것을 그림으로 남길 수 있어서 좋다. 어떤 대상을 기록할 때, 특히나 그것이 눈앞의 작은 자연물일 때, (익숙해진다면) 그림처럼 빠르고 멋진 표현 도구는 없다. 생각해보라! 사실 그림 그리기는 인간이 태어나면서부터 갖고 나온 재능이었다. 우리는 말도 다 배우기 전인 아기였을 때부터 무엇이든 손에 쥐고 그림을 그리려고 시도했다.

자연 '관찰' 드로잉의 매력

나를 설명하는 몇 가지 타이틀 중에 생태놀이 기획자라는 것이 있다. 아이들이 숲에서 자연물을 가지고 놀 수 있는 창작 프로그램을 개발하거나, 그 아이들의 선생님 또는 학생들에게 자연을 관찰하고 놀이로 이끄는 방법을 가르친다. 내가 직접 아이들 손을 잡고 숲에 가서 수업을 할 때도 있다. 이처럼 자연을 더 알고자 하는 사람들을 만나면, 나는 더욱 적극적으로 드로잉을 권한다. 그러면 대부분은 그림을 못 그린다며 사양하기 일쑤이지만 자연관찰 드로잉은 솜씨를 뽐내는 장이 아니다. 그림보다는 관찰에, 그리고 현장에서 직접 보고 남기는 날것의 기록에 그 목적이 있다.

사진 한 장 찍고 돌아섰던 대상을 그림으로 옮겨보겠다고 뚫어져라 쳐다보는 동안에, 당신 안에는 이미 남다른 관찰력과 자연에 대한 공감 능력, 생명에 대한 무한한 상상력과 삶을 관통하는 직관력이 자라난다. 그것이 바로 창작의 힘이다. 또한 그 과정에서 당신이 적은 짧은 기록이야말로 책에서 얻은 것보다 값진 배움이고 소중한 자연 지식이다.

당신이 진정 좋은 관찰자가 되고 싶다면 드로잉을 익혀라!
그것이 내 지론이다.

왜 자연을 그리는가?

우리가 만나는 풀 한 포기, 나뭇잎 한 장도 지금의 모습을
갖추기 위해 수 억 년 동안 다듬어져왔다. 그 결과로 저토록
완벽한 디자인을 뽐내고 있는 것이다. 수많은 종류의 생명체가
제각각 다른 모양과 색깔, 질감을 갖고서 제각각 다른 방식으로
살아가고 있다. 그것을 그리는 것만으로도 그림 실력은 쑥쑥 늘어나고, 자연과 인간
의 관계성에 대한 철학적 고민까지 끌어낼 수 있다.
　우리나라에는 주로 아이들을 대상으로 한 자연체험 프로그램이 많지만, 외국에
서는 어린이부터 노인까지 실로 다양한 세대가 자연체험 프로그램에 참가한다. 그
들은 스스로 자연주의자이기 때문에, 혹은 자연감수성을 키우는 창작활동 내지는
교육의 일환으로, 아니면 그저 특별한 여가 활동이나 놀이로서 자연관찰을 즐긴다.
프로그램에 참여한다면 활동은 대부분 한 장의 보고서, 즉 자연관찰일기로 마무리
된다. 연필을 손에 쥘 수 있는 다섯 살부터 누구나 호기심을 일으키는 대상 앞에 앉
아 직접 관찰한 내용과 자기 생각을 그리고 적는다. 그러는 동안 이들은 비로소 진
정으로 자연을 보았노라고 고백하곤 한다. 그려보지 않고는 진정으로 볼 수 없다는,
프레데릭 프랑크의 저 유명한 말처럼 말이다.

'주워 그리기'로 쉽게 입문하라

도시에서 잊고 살았던 자연과 새롭게 관계 맺고 싶다면, 지금이라도 당장 드로잉 취미를 붙여보자. 시간이 없다는 핑계는 접어두자. 하루 15분, 혹은 1주일에 30분만이라도 시간을 내 어디에서나 자연관찰 드로잉을 시작할 수 있다. 가을은 드로잉을 시작하기에 아주 좋은 계절이다. 산책하기 좋은 날씨도 그렇지만, 걷다가 발밑에 떨어진 낙엽과 열매, 씨앗을 얼마든지 주워서 집에 가져와 그릴 수 있기 때문이다(물론 당신은 곧 알게 될 것이다. 가을이 아니라 심지어 봄에도 저절로 떨어지는 낙엽과 꽃, 열매들이 꽤 많다는 사실을).

초보자인 당신이 처음부터 바람에 흔들리는 꽃잎이나 우연히 멈춰선 곤충을 현장에서 바로 그려내기 위해 애쓸 필요는 없다. 퇴근하는 길에, 혹은 산책하다가 길에 떨어진 무엇이라도 주워서 첫 번째 관찰그림을 시작하라. 이 책에 실린 자연물 중 대부분이 당신의 아파트 화단이나 가까운 공원과 뒷산, 학교 운동장에도 떨어져 뒹굴고 있을 것이다.

봄에는 현장으로 나가라

앞으로 당신은 더 많이 궁금해질 것이다. 당신이 주워서 그리고 있는 열매에 대해, 그 열매의 고향인 나무에 대해, 그 나무를 둘러싼 숲에서 살아가고 있는 더 많은 생명체들에 대해서. 자연은 묻고 또 물어도 끝이 안 나는 궁금증의 샘이며, 아직도 이

유가 명확하게 밝혀지지 않은 현상들이 너무도
많이 존재한다. 그것이 우리가 책상에서 읽던
인문 지식과는 또 다른 자연과학의 세계다.
　만약 당신이 이런 질문들에 쉽게 시들해지지
않는다면 서점에서 자연도감을 사 모으거나, 숲 해설
수업을 신청하거나, 혹은 지역 동호회에 가입하게 될지도
모르겠다. 만약 드로잉을 좋아하는 사람들과 함께 할 방법을 찾
고 있다면 매년 봄가을에 녹색연합에서 진행하는 나의 생태 드로잉
클래스에 찾아와도 좋다. 그 외에도 학생들의 요청으로 진행하는 지역 소모임 수업
이 더러 있다.
　집에서 '주워 그리기'를 통해 관찰력과 그림 실력을 키웠다면 다음엔 현장에서 그
림 그리기를 시도하면 좋다. 새봄에 돋아날 많은 싹들과 사계절 아름다운 꽃들과
싱그러운 나뭇잎들이 당신을 기다리고 있을 것이다. 나의 또 다른 책, 《꽃을 기다리
다》가 당신을 현장 그리기의 세계로 안내해줄 수 있다.

　이 책에는 내가 그동안 그리고 기록해온 자연관찰일기 중 일부가 수록되어 있다.
책의 주제에 맞춰, 이번에는 사계절 도시 주변에서 쉽게 주워서 그릴 수 있는 자연
물을 중심으로 구성했다. 그림은 펜으로만 그린 것도 있지만 대부분 수채 채색을 더
했다. 요즘 컬러링북을 비롯한 많은 드로잉 책들은 대개 사용하기 쉽고 간편하다는
이유로 색연필 채색을 권하지만, 나는 자연의 빛깔에 가장 가까운 맑은 수채화를 선
호한다. 팔레트만 잘 정리해둔다면 붓 몇 자루와 함께 항상 지니고 다니기도 불편하

지 않다. 무엇보다 수채물감은 색들을 배합해 원하는 색을 만들어내기가 훨씬 쉽고 표현도 아름답다.

　글은 그때그때 관찰해서 적어두었던 내용과 조금은 사적인 일기들에 독자를 위한 자연 해설을 조금씩 덧붙이면서 보강했다. 개인적으로 생물에 관한 사전적인 설명을 좋아하지도, 잘 찾아보지도 않는 편이지만 식물 이름과 함께 기본적으로 필요하다 싶은 정보들은 챙겨 넣었다. 혹시 이 책을 본 후 나의 관찰 기록에 보태어 새롭게 발견한 사실을 들려줄 독자가 있다면 언제든지 연락을 부탁드린다(eco-toon@hanmail.net). 자연과학의 중요한 지식들은 언제나 책상이 아닌 현장에서 얻어진다고 믿기에 나는 그런 정보들을 공유하고 함께 이야기 나누는 것을 진심으로 좋아한다.

제 1 부

낙 엽

추락하는 모든 것엔
이유가 있다.

비온 뒤 덜 익은 열매들이 떨어졌다.
목표를 향해 함께 달려가다가도 누구는 떨어지고
누구는 계속 이어간다. 나뭇잎도 마찬가지다.
6월인데 벌써 잎이 졌다.

사실 봄에도 단풍이 드는 잎이 있다.
제 수명을 다했기 때문이다.
이유는 잘 모르겠다. 세상을 떠날 때는 순서가 없다.
어쩌면 이 잎이 제일 먼저 세상에 나왔을 수도 있겠다.
자기 일을 하고 먼저 떠나는 잎……
요절하는 천재 같다.

6. 8. 집에 오는 길에

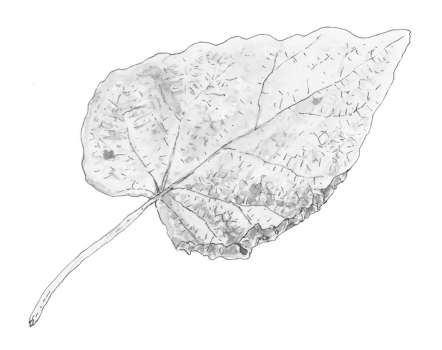

오동나무

공원이나 버스 정류장, 학교 운동장에 있는
벤치에 앉아 사람을 기다릴 때가 있다.
그럴 때면 나는 늘 가방에 넣고 다니는 스케치북과 펜을 꺼내
무엇이든 그린다. 그러면 시간이 잘 가기도 하고,
의도치 않은 곳에서 낯선 시선으로 자연을 만나게 된다.
기다리는 시간이 길어지면 아예 나무 전체,
그러다 주변 풍경까지 그려보기도 한다.
이럴 때는 선 따기만 먼저 해놓고 채색은 집에 와서 한다.

이 화살나무도 그렇게 작업했다.

6. 9. 이화여대 교정 벤치에서

그리기 팁

잎을 그릴 때 한 장만 그리지 말고 보이는 대로 가지째 그려보면 좋다.
선 따기 연습을 할 겸 계속 그려나가다 보면
한 나무에 달린 잎들도 조금씩 다르게 생겼다는 것을 알게 된다.
잎이 난 모양이나 가지와 열매의 특성도 저절로 깨닫게 된다.

화살나무 열매.
아직 어려서인지 홀쭉하다.
여름이 지나면 통통해지겠지?

이파리에 잔 톱니가
이렇게 많은 줄 몰랐다.

화살나무

이른 단풍이다.

8. 1.

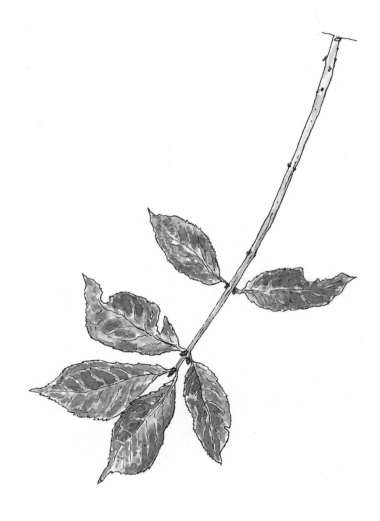

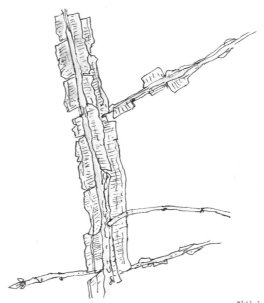

화살나무를 화살나무라고 부르는 것은
줄기에 난 날개 모양 코르크층이
마치 화살 뒷부분의 깃대와 닮았기 때문이다.

겨울 열매,
껍질이 벌어지고
빨간 씨앗이 드러났다.

11. 15.

화살나무

화살나무(10.30)

꽃이 멋들어지게 피었는데
너무 높이 달려 그릴 수가 없었다.
아쉬운 대로 바닥에 떨어진 잎을 주워왔다.
태산목은 목련의 한 종류로 남쪽 지방에서 자란다.
나중에 집에 심어 가꾸고 싶은 나무다.
늘 푸른 잎을 자랑한다는 상록수지만
제 수명을 다해 떨어진 잎은 노랗게 물들어간다.
낙엽도 반들반들하니 촉감이 좋다.

6. 11. 진주 과기대에서

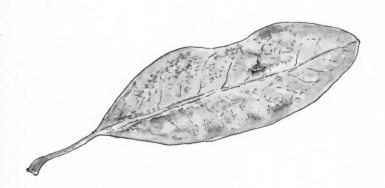

전주에 사는 친구 아버님이 돌아가셨다고 해서 급하게 내려갔다 왔다.

장례식장 앞에 심어져 있는 태산목 아래서 친구는 담배를 한 대 피고,

난 떨어진 열매와 잎을 주웠다.

"그게 뭐야?"

"태산목이야."

특별한 말 없이 친구 어깨를 툭툭 치고 서울로 왔다.

가방 안에 이것들을 담아서. 집에 와서 그리면서 내내 친구를 생각했다.

앞으로 태산목을 보면 그 친구가 생각나겠다.

7. 28.

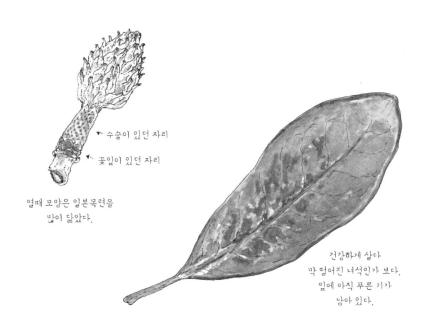

← 수술이 있던 자리

← 꽃잎이 있던 자리

열매 모양은 일본목련을
많이 닮았다.

건강하게 살다
막 떨어진 녀석인가 보다.
잎에 아직 푸른 기가
남아 있다.

태산목

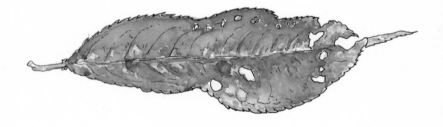

시골집에 갔다가
큰아버지네 복숭아나무 밑을 지나게 되었다.
7월 초인데 벌써 진 잎이 있다.
색깔마저도 빨갛다. 쭈글쭈글하기까지……
병원에 계신 큰아버지가 생각났다.

7. 8. 시골집에서

복숭아나무

가죽나무 잎이 잎자루와 함께 떨어진 것을 주웠다.
너무 커서 스케치북 한 장에는 다 담을 수 없어
반으로 줄여 그렸다.
오른쪽에 따로 그린 잎은 실제 사이즈다.
제 할 일을 다 못하고 떨어졌는지 아직 초록빛이 생생하다.

6. 14. 경희궁

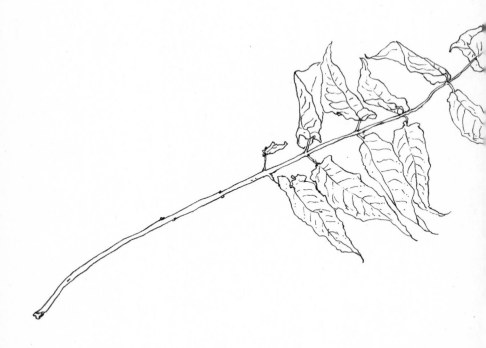

가죽나무

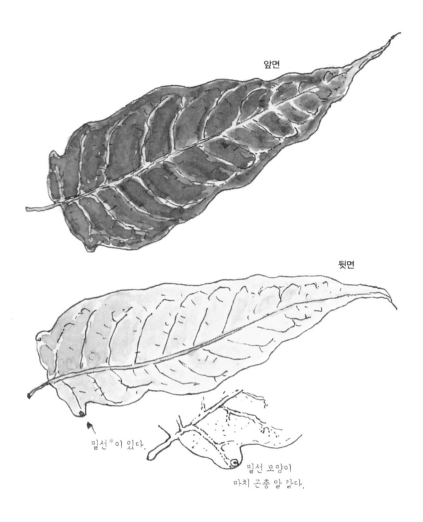

앞면

뒷면

밀선*이 있다.

밀선 모양이
마치 곤충 알 같다.

* 잎의 당 농도가 높을 때 끈끈한 액을 내보내는 분비선. 식물의 꿀은 보통 꽃에서 만들어져 곤충을 불러 모으
는 용도로 쓰이지만 꽃이 아닌 부분에서 만들어지기도 한다. 이를 화외밀선(花外蜜腺), 또는 줄여서 '밀선'이
라고 부른다. 보통은 이파리에 생겨서 개미들을 불러 모은다. 잎을 갉아먹는 애벌레를 쫓아내기 위해 애벌
레가 무서워하는 개미를 이용하는 지혜로운 작전이다. 가죽나무처럼 꿀이 아니라 냄새가 안 좋은 물질을 내
뿜는 것은 밀선 대신 '선점'이라고도 부른다.

집에 오는 길에 줄기째 뜯겨 버려져 있는 담쟁이덩굴을 발견했다.
막 뜯어냈는지 싱싱하다.
담쟁이도 새 봄을 맞아 연한 잎들을 무성하게 키워내고
담장을 타 오를 튼튼한 새 줄기도 준비하고 있었는데
이렇게 무참히 뜯겨버리고 말았다.
마치 영정사진을 찍듯,
마지막 모습을 남겨주고 싶어서
집에 가져와서 그렸다.
생기 있게 그리려고 애써보지만
그래도 죽은 것은 죽은 느낌이 난다.

5. 3. 집에 오는 길에

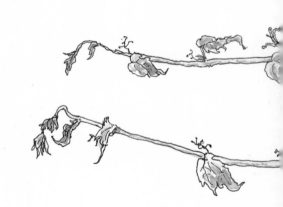

담쟁이덩굴

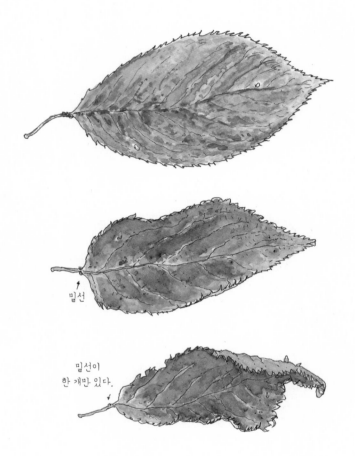

밀선

밀선이
한 개만 있다.

여름이 채 오지 않았는데 이렇게 물드는 잎이 많다니⋯⋯.
특히 벚나무 잎은 다른 나뭇잎들에 비해 빨리 물드는 것 같다.
내가 요즘 너무 바빠져서인지 이렇게 일찍 지는 잎들을 보면
기분이 안 좋다. 일을 줄여야 할까?

6. 17. 시골집에서

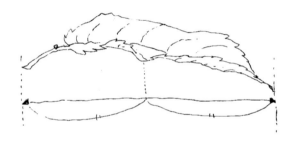

벚나무 잎의 무게를 단다면 어디가 중심점일까?
대략 잎자루를 포함해서 전체 길이의 중간쯤이겠지?
빗물이 잘 흘러내리도록, 그리고 햇빛을 최대한 많이 받기 위해서
잎의 전체적인 균형은 아마도 바깥 아래쪽을 향하는 게 좋을 것이다.
그 모든 것을 계산해서 이렇게 디자인되었겠지.

벚나무

벚나무는 가지치기를 하면 대개 그 부분이 썩는다.
그런데 알면서도 하는 경우가 많다.

4. 21.

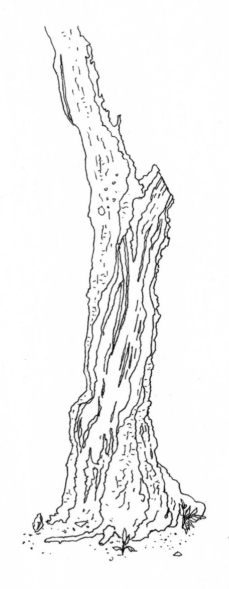

산사나무 잎은 특이해서 금방 알아볼 수 있다.

산사나무는 '아가위나무'라고도 불리며,

목재로 비파와 같은 악기를 만든다고 알려져 있다.

간혹 줄기에 날카로운 가시가 많은 것을 볼 수 있는데,

공원에 많이 심는 미국산사나무가 그렇다.

새들은 용케도 그 틈을 비집고 다니면서 열매를 잘도 따먹는다.

내 생각엔 작은 새들만 드나들 수 있도록

일부러 가지 사이를 촘촘하게 만든 것 같다.

6. 22. 홍릉수목원에서

미국산사나무(12.20)

38

산사나무

산사나무(10,30)

산사나무와 같은 날, 같은 곳에서 그렸다.
산돌배나무의 변종이라는데
식물도감에는 잘 나오지 않는다.
홍릉수목원에 있는 나무 앞에는
'문배나무의 기준표본목'이라고 적혀 있다.

잎은 배나무와 크게 다르지 않고
산돌배나무와도 구분하기 어렵다.
열매는 돌배나무와 비슷하다.
문배주라는 술 이름이 문배주인 것은
이 열매의 향기가 나기 때문이라는데,
술에 열매가 들어간 것은 아니다.

바닥에 떨어진 지 얼마나 됐을까?
상처 부위가 썩어가고 있다.
모과도 그렇고 쉽게 갈변하는 열매들이 많다.

6. 22. 홍릉수목원에서

문배나무

튤립나무가 아까시나무를 대신할 밀원식물*이라고 한다.
전국에 있는 아까시나무를 베어내고 이 나무로 대체하는 중이란다.
왜일까? 일제 때 많이 심어 일본색이 강하다는 것 말고
아까시나무를 없애야 할 이유가 따로 있는 걸까?
어차피 둘 다 외국에서 온 나무들인데……
튤립나무는 북아메리카가 원산지다.

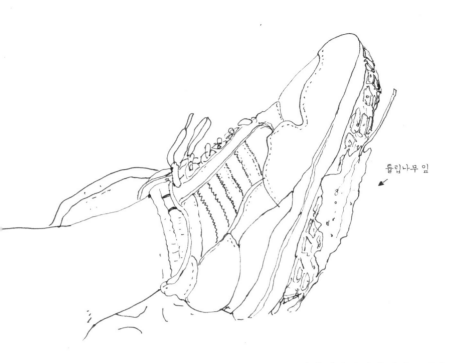

튤립나무 잎

신발 바닥에 잎이 찰싹 붙었다.
잎 표면이 끈적끈적하다. 왜 그럴까?
진딧물이 많이 붙어 있던데
녀석들의 분비물일까?
진딧물이 없는 나무에서도
이렇게 끈적이는 느낌을 받은 적이 있다. 궁금하다.

6. 17. 이화여대에서

＊ 벌이 꿀을 빨아 모으는 식물.

튤립나무

단풍나무

나뭇잎은 보통 낙엽이 되기 전에 단풍이 든다. 제 할 일을 다 하고 죽어가는 모습이다. 우리는 이때의 잎을 가장 예쁘다, 멋있다고 한다. 나무는 그런 아름다운 뒷모습을 의도한 걸까? 어떤 이는 나뭇잎이 빨갛고 노랗게 물드는 이유가 곤충이 다가오지 못하도록 막는 전략이라고 해석한다. 하지만 죽어가면서까지 그럴 필요가 있을까? 어쨌든 단풍 드는 모습은 단풍나무 잎이 최고인가 보다. 단풍나무라는 이름을 가져갔다.

중국단풍나무 잎.
단풍은 대체로
한 가지 색깔이 아니다.
11. 27.

주변에서 흔히 볼 수 있는 단풍나무 종류

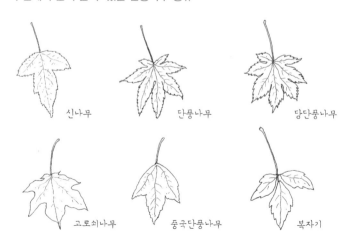

신나무　　　　단풍나무　　　　당단풍나무

고로쇠나무　　중국단풍나무　　복자기

고로쇠나무(11.7)

남산에 갔다가 이른 가을을 느끼고 왔다.
8월의 크리스마스처럼.
한여름에 만나는 가을 단풍이다.

8. 1.

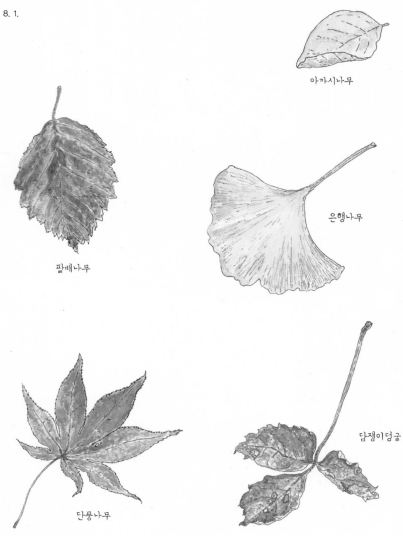

아까시나무

팥배나무

은행나무

담쟁이덩굴

단풍나무

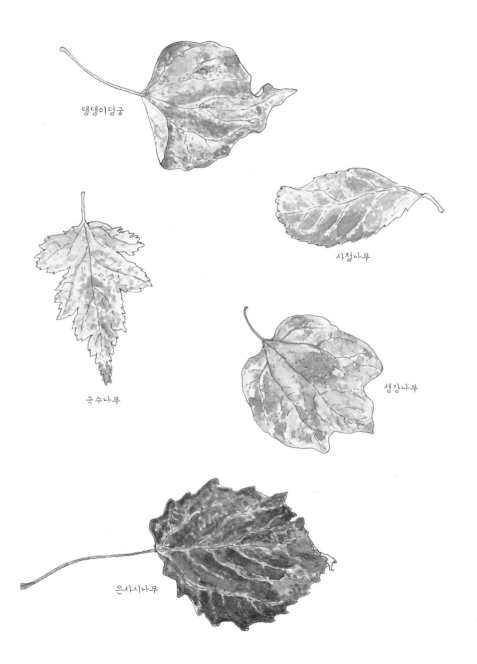

댕댕이덩굴

사철나무

국수나무

생강나무

은사시나무

지금은 막 물들기 시작했지만
가을이 되면 온통 새빨갛게 변한다.
그 붉음이 어쩌나 강렬한지 이름이 붉나무다.
단풍나무가 아니었다면 아마도
붉나무가 단풍나무라는 이름을 가져갔을 것이다.

7. 23. 시골집에서

붉나무(11.10)

붉나무는 잎줄기에 날개가 달린 것이 특징이다.
이렇게 생긴 건 중국굴피나무 외에
또 본 적이 없다.

붉나무

단풍이 급속도로 진행되는 가을에는
같은 잎을 매일 봐도 새롭고,
다시 그리고 싶어지는 것투성이다.
3년 전에 그렸던 꽃사과가
잎과 함께 딱 예쁘게 떨어져 있기에
길가에 쪼그려 앉아 그렸다.
잎도 열매처럼 붉게 물든 모습이 새색시처럼 수줍다.

10. 28. 길가에서

꽃사과

피나무 잎은 하트 모양이다.

그 모양이 인도의 보리수나무 잎과 비슷해서 '보리수'라고도 불린다.

부처님이 그 밑에 앉아 깨달음을 얻었다는 나무 말이다.

하지만 정작 식물도감에 나오는 보리수나무는

인도보리수와도, 피나무와도 전혀 다른 종이다.

하트 모양 피나무 잎을 벌레들이 유독 좋아하나 보다.

구멍 난 것이 유난히 많다.

6. 28. 홍릉수목원

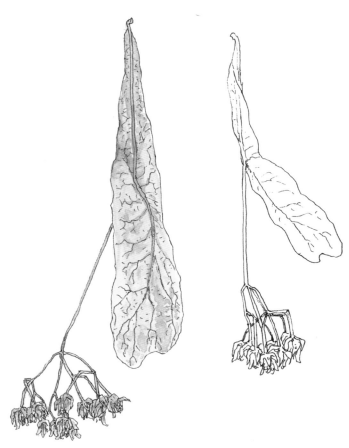

피나무 꽃.
시들어가는 것을 주워왔다.
아직 열매가 생기지 않았지만
날개 역할을 하는 포는 벌써 만들어졌다.
시들어 떨어지는 꽃마저도
멀리 데려가준다.

피나무

잎이 아직 초록색이다.

10. 5. 청강대학교

싸리 열매

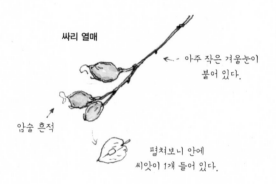

← 아주 작은 겨울눈이
붙어 있다.

암술 흔적

펼쳐보니 안에
씨앗이 1개 들어 있다.

그리기 팁

가을에는 한 나무를 골라 매일 변하는 모습을 관찰하면 재미있다.
나무마다 단풍이 드는 때와 속도가 조금씩 다르다.

보름 사이에 노랗게 물들었다.

10. 19. 같은 장소

싸리

씨/열매(10.10.)

가을이 깊어가면 길가나 아파트 정원 어디서나
낙엽이 수북이 쌓여 있는 모습을 볼 수 있다.
이럴 때 다르게 생긴 잎을 하나씩 모으며 샘플링 해보면
내가 사는 동네에 사는 나무 종류를 거의 파악할 수 있다.
나뭇잎 모양만 정확히 알아도 웬만한 식물 이름은 찾을 수 있다.

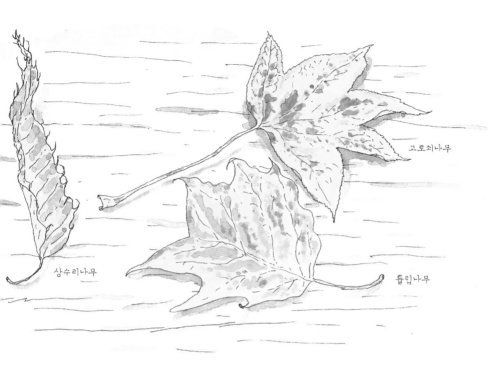

고로쇠나무

상수리나무

튤립나무

참나무라는 이름을 가진 식물종은 없다.

갈참나무, 떡갈나무, 신갈나무, 졸참나무, 굴참나무, 상수리나무 등
참나무과 참나무속 나무들이 다양하게 있을 뿐이다.

갈참나무는 그중에서 잎이 큰 편으로(떡갈나무가 가장 크다),
큰 잎은 길이가 25센티미터에 달하기도 한다.

10. 26.

그리기 팁

관찰 그림은 가능하면
1:1 실사이즈로 그리는 것이 좋다.
가지고 있는 노트에 다 담을 수 없을 경우에는
적당히 줄여서 그린 다음
그림 옆에 실제 사이즈를 적어두자.

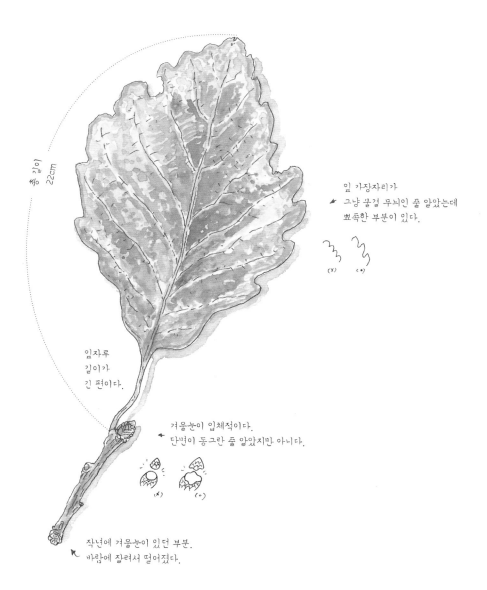

총 길이
22cm

잎자루
길이가
긴 편이다.

잎 가장자리가
그냥 물결 무늬인 줄 알았는데
뾰족한 부분이 있다.

(X)   (o)

겨울눈이 입체적이다.
단면이 동그란 줄 알았지만 아니다.

(X)   (o)

작년에 겨울눈이 있던 부분.
바람에 잘려서 떨어졌다.

갈참나무

졸참나무

참나무속 나무들 중에
잎이 가장 작다.
길이 약 10cm

상수리나무

잎 가장자리의 톱니 끝이
가시처럼 뾰족하다.

낙엽을 떨구는 낙엽수들은 겨울에는 아무 일도 하지 않고 쉰다.
추운 겨울을 에너지 손실 없이 나기 위해 잎을 떨어뜨리는 것이다.
이 겨울에도 안 쉬고 에너지를 소모하는 건 인간뿐인가?

11. 27.

졸참나무 / 상수리나무

졸참나무(10.21)

대왕참나무 잎.

무슨 이유에선지 가로수로 많이 심는 나무다.

우리나라 토종 참나무도 얼마든지 있는데

굳이 비싼 돈을 들여 외국에서 들여오는 것은 왜일까?

그래서 간혹 미움을 사기도 하지만,

가을이 되면 이 나무에도 도토리가 열리고 그것을 먹고사는 동물이 있다.

자연계의 다문화 정착 사례라고 할까?

3. 5.

이름은 대왕인데 도토리는 작고 납작하다.
가지에 도토리 깍지만 남기고
열매가 뚝 떨어져나간 모습을
찾아볼 수 있다.

대왕참나무

양버즘나무 잎은
잎자루 끝으로 겨울눈을 감싸고 있다가 떨어진다.

대왕참나무는
잎 형태가 아주 멋지다.
조형미가 뛰어나다.
자연은 단연 최고의 디자인 감각을 지닌
예술가라 할 만하다.

2. 17. 이화여대에서

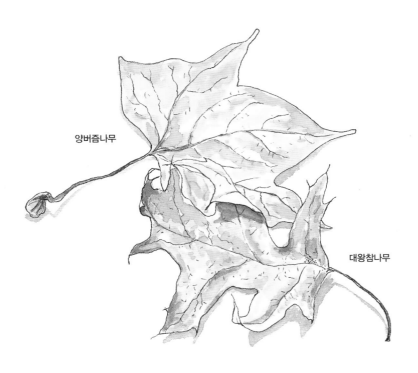

양버즘나무

대왕참나무

함께 주운 것들

튤립나무 열매.
아직 안 날아갔다.

낙우송 열매

양버즘나무 / 대왕참나무

한 나무에 달린 잎들도 크기가 제각각이다.
그중에 유달리 큰 잎을 '음엽'이라고 부른다.
한 나무에서도 비교적 빛이 덜 닿는 음지에서 자라
잎 두께가 얇고 면적이 넓어진 것이다.
느티나무 잎은 보통 길이 10센티미터를 넘기지 않지만
이 잎은 20센티미터나 되었다.

2. 5.

거울눈

열매

열매

가을에 길가에 뒹구는 느티나무 잎 뭉치를 들어서 보면
줄기에 메밀같이 작은 열매가 달려 있다.
단풍나무, 소나무, 느릅나무 들처럼 열매에 날개가 달려 있으면 좋을 걸,
열매에 날개가 없으니 잎이라도 이용해 멀리 가려는 것이다.
머리 좋다. 이런 건 몇 억 년을 준비한 아이디어일까?

11. 2.

느티나무

느티나무(10.30)

집 앞에는 보통 목련이 있다.

도시의 아파트 정원에도 꼭 있는 나무가 목련이다.

내가 사는 집 앞에도 물론 목련이 있다.

바닥에 떨어져 있는 잎들을 보니 크기가 제각각이다.

작은 것은 잎자루를 포함해 10센티미터,

큰 것은 25센티미터나 된다.

양엽과 음엽이겠지? 그래도 이렇게나 크기가 다른 잎들이

한 나무에서 자란다는 것이 아직도 신기하다.

2. 4. 집 앞에서

그리기 팁

야외에서 식물의 크기를 잴 때는 '몸자'를 활용하면 좋다.
평소 내 손가락 한 마디의 길이, 손바닥 길이, 손끝에서 팔꿈치까지의 길이 등
다양한 몸길이를 재서 기억해두면 야외에서 비교눈금으로 활용하기 좋다.

10cm

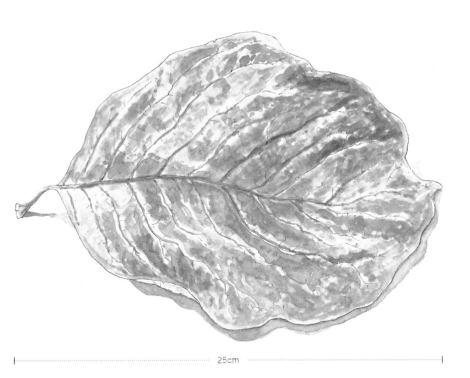

25cm

목련

층층나무 노란 단풍이 예쁘다. 개인적으로 은행나무 잎보다 좋아한다.
이화여대 교정에서 주워온 것인데 중간 부분에만 벌레가 먹었다.
수분이 많아서 먼저 썩은 걸까?
층층나무는 활엽수지만 침엽수처럼 한 해에 한 층씩 가지가 자란다.
그래서 나이를 알려면 줄기에 층층이 뻗은 가지 자리를 세어보면 된다.
물론 나이가 너무 많다면 이 방법도 어렵긴 하다.
이른 봄 숲에 가보면 층층나무 상처에서
물이 콸콸 흐르는 것을 볼 수 있다.
층층나무도 고로쇠나무처럼 수액이 많다.
맛이 좋았다면 고로쇠 물보다 더 인기 있었을지 모른다.
맛없음이 몸을 구한 셈일까?
자연에서는 때로 쓸모없음이 자신을 보호하기도 한다.

11. 4. 이화여대

층층나무 잎으로 포장하기

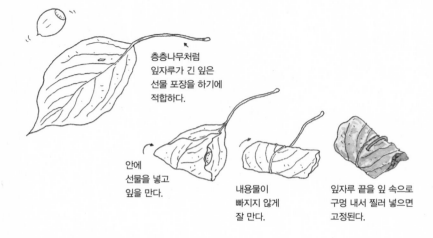

층층나무처럼
잎자루가 긴 잎은
선물 포장을 하기에
적합하다.

안에
선물을 넣고
잎을 만다.

내용물이
빠지지 않게
잘 만다.

잎자루 끝을 잎 속으로
구멍 내서 찔러 넣으면
고정된다.

층층나무

제 2 부

열 매

꽃이 지는 것에서
열매의 삶이 시작된다.

집 앞에 떨어진 오동나무 꽃을 집어 드니
암술만 남기고 꽃잎이 수술과 함께 쏙 빠져버린다.
능소화 꽃과 비슷하다.

보름쯤 지나 다시 나무 앞에 서니 열매가 벌써 여물었다.
이런 시기에는 한 나무에서 암술이 변해
열매가 되어가는 과정을 다양하게 볼 수 있다.

6. 8. 집 앞에서

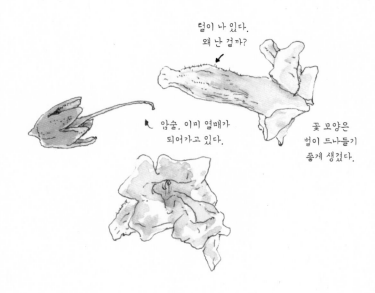

털이 나 있다.
왜 난 걸까?

암술. 이미 열매가
되어가고 있다.

꽃 모양은
벌이 드나들기
좋게 생겼다.

오동나무(5.3)

오동나무

꽃받침 안에 열매가
생기고 있다.

암술머리가
붙어 있는 것도 있다.

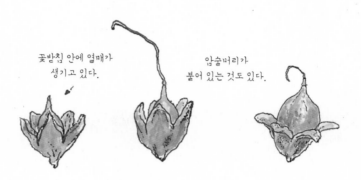

표면이 끈적거린다.
오동나무 꽃도 끈적거리던데
무슨 이유일까?

거의 다 자란 열매.

껍질을 까보니
안이 마치 목화 같다.
끈적거린다.

껍질 속에 있던 알맹이다.
만지니 아직 익지 않은 씨앗이
비늘처럼 떨어진다.

울퉁불퉁한 문양이 있다.

다 익으면 이런 모습이다.
껍질이 저절로 갈라지고
안에서 날개 달린 아주 작은
씨앗들이 나온다.

오동나무

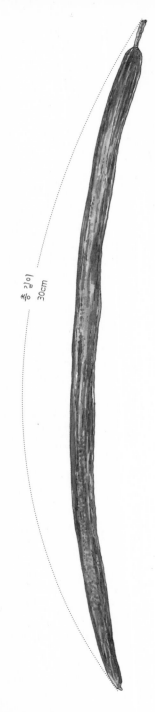

길이
30cm

꽃과 잎이 오동나무를 닮아
'꽃개오동'이라고 부르는 나무가 있다.
하지만 열매는 전혀 다르게 생겼다.
길이가 30센티미터가 넘는
길쭉한 꼬투리가 달린다. 참 특이한 열매다.
예전에 경복궁에서 본 적이 있고
경희궁에서도 한 그루 보았다.
오늘은 남산 야외식물원을 걷다가
열매를 주웠다.
미국 원산인 꽃개오동은 1905년에
선교사가 들여와 심었다고 알려져 있다.
타국에 와서 자생해가는 식물을 보면
멀리 해외로 이민 가서 2세, 3세를 낳아 기르며
정착한 교포 같다는 생각이 든다.
이렇게 큰 열매가 바람을 타고 물을 건너
멀리 아메리카 대륙까지 다시 갈 수 있을까?

8. 9. 남산

다 익으면 꼬투리가 터지고
그 안에 있는 씨앗들이 나와서 바람을 타고 날아간다.
아직은 덜 익어 솜털도 완벽하지 않고 씨앗도 덜 여물었다.

경희궁에서 그린 낙엽.

한참을 두리번거리다가

이 녀석이 떨어져 나온 엄마 나무를 발견했다.

아직 열매는 달리지 않았을 때였지만

나무의 전체적인 모양과 이파리를 보아 꽃개오동이다.

잎이 오동나무를 많이 닮았지만 더 작다.

7. 11. 경희궁

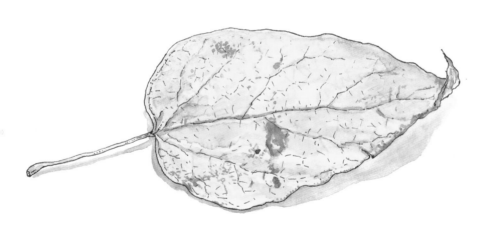

꽃개오동

일본목련 어린 열매를 주웠다.
이렇게 귀엽고 예쁜 줄 몰랐다.
자연은 늘 새로운 것을 보여준다.

6. 12.

일본목련(5.27)

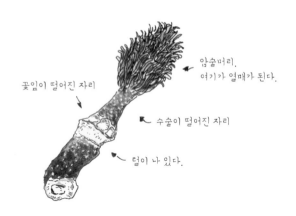

암술머리.
여기가 열매가 된다.

꽃잎이 떨어진 자리

수술이 떨어진 자리

털이 나 있다.

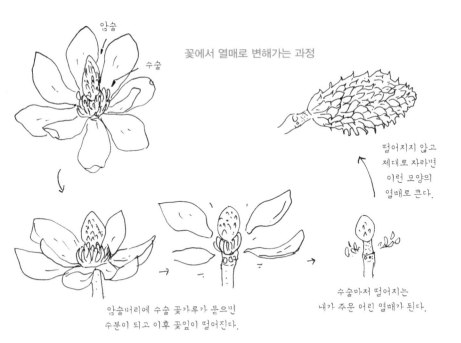

암술

수술

꽃에서 열매로 변해가는 과정

떨어지지 않고
제대로 자라면
이런 모양의
열매로 큰다.

암술머리에 수술 꽃가루가 묻으면
수분이 되고 이후 꽃잎이 떨어진다.

수술마저 떨어지는
내가 주운 어린 열매가 된다.

일본목련

해마다 봄이 되면 일본목련 꽃이 피기를 기다린다.

은은한 꽃향기가 멀리까지 퍼져서 내 방 창가에도 온다.

꽃 색은 또 얼마나 희고 깨끗한지.

이후 열매가 만들어지면 다시 또 설렌다. 딱 이 맘 때다.

초록색 도깨비방망이같이 생긴 열매가

불그스름하게 변해가는 지금 색깔이 가장 좋다.

비가 한바탕 오면 나무 밑에 한두 개씩은 꼭 떨어지곤 했는데

올해는 하나도 줍지 못했다. 그렇게 시간을 다 보내고 못 그리나 했는데

남산에 산책 갔다가 드디어 발견했다.

집에 갖고 오는 동안에도 그림 그릴 마음에 흥분이 가라앉지 않았다.

그리는 내내 정말 매혹적인 열매라는 생각이 들었다.

텔레비전을 보다가, 길을 걷다가

한눈에 시선을 빼앗기게 되는 사람들이 있다.

식물로 치면 딱 이 열매가 그렇다.

한번 보면 잊을 수 없고, 보고 있노라면

왠지 모를 흥분에 사로잡힌다.

근데, 너 왜 이렇게 생겼니?

8. 11. 남산

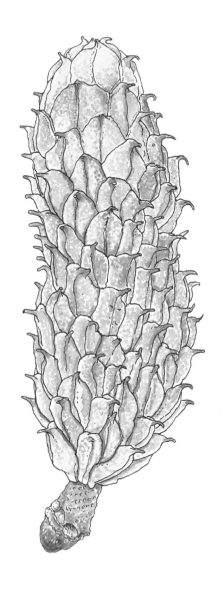

일본목련

나무는 꼭 붙들고 있어야 할 열매와
그렇지 않은 열매를 구분한다.
비바람이 불면 몇몇 아이들은 떨어진다.
그러고 나면 나무는 광합성을 통해 얻은 양분을
남은 열매들에게 최선을 다해 전달한다.
스스로 솎아내기를 하는 것이다.
튼실한 열매가 되고 싶었으나 되지 못한 낙과들이 애처로워
한자리에 모아놓고 그렸다.

6. 4. 청강대학교에서

왕벚나무 열매

산벚나무 열매

모과나무 열매.
꽃과 수술이 붙어 있다.

은행나무 열매.
양쪽 끝이 수분되어 커지고 있다.

도토리.
싹을 틔우지
못했다.

매실나무 어린 열매.
좀 길쭉하다.

매실 조금 자란 것

← 잘라보니 아직 씨앗이 여물지 않았다.
말랑말랑한 주머니 같다.
씨앗이 차오르는 원리는 뭘까?
향은 나지 않았다.
아무래도 다 자라야 나겠지?

버찌가 한창이다.

어릴 때는 누가 말해주지 않아도 이 무렵이면

벚나무 열매를 따먹으러 다녔다.

어른이 된 지금은 눈으로 확인하고 나서야

'벌써 버찌가 열릴 때가 되었나?' 하고 알아챈다.

어린 시절에 자연을 오감으로 만나는 것은

단순한 재미나 추억 쌓기가 아니라,

그 달콤한 맛에 시간과 장소를 함께 각인시키는 진귀한 경험이 된다.

무릇 음식에는 추억이 담기듯 자연을 맛보는 것도

추억을 함께 먹는 행위이다.

그나저나 아직 6월 초인데

이렇게 열매를 탐스럽게 만들어낸 것을 보면

벚나무는 다른 나무들에 비해

자식을 일찍 떠나보내는 것 같다.

6. 5. 청강대학교

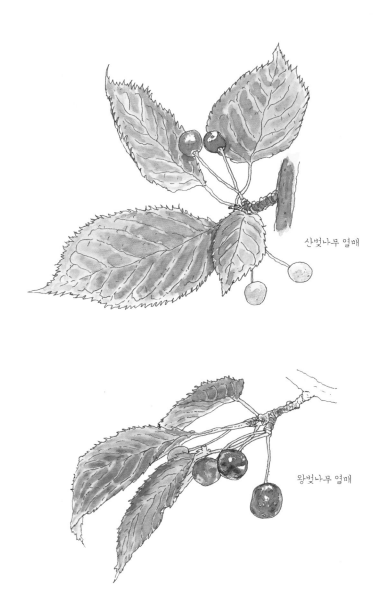

산벚나무 열매

왕벚나무 열매

벚나무

맛있는 열매로는 뽕나무를 빼놓을 수 없다.
우리나라 어디에나 있는 뽕나무. 그만큼 널리 퍼져 있고,
과거에는 '뽕나무 농사'를 짓는다고 표현할 만큼 흔했다.
오죽하면 상전벽해
(桑田碧海, 뽕나무 밭이 푸른 바다로 변한다는 뜻)라는 말이 있을까.

뽕나무는 누에를 키우고, 누에는 비단을 만들고,
그 비단이 실크로드를 통해 교역되며 중국을 발전시켰다.
왜 뽕나무라고 불렀는지에 대해서는 의견이 분분하다.
민간에서 성기나 성교를 의미하는 속된 표현인
'뽕'에서 유래했다고도 하며, 중국의 고대신화에 나오는
부상(扶桑)나무 이름에서 출발해
부상 〉 부앙 〉 붕 〉 뽕으로 변천했다는 설도 있다.
나는 왠지 후자가 끌린다.

뽕나무

'오디'라는 열매 이름도
표면이 오돌토돌한 데서 유래했다는 의견이
우세하지만, 열매를 그리고 채색하다 보니
검은색에서 비롯된 것이 아닐까 싶다.
자연에서 오디처럼 새까만 열매는 흔치 않다.
한자에 '까마귀 오' 자도 있고,
아니면 옻칠할 때의 그 옻과 관련이 있을 수도 있다.

6. 3. 경희궁

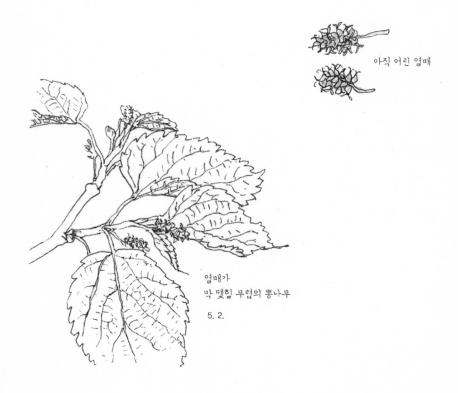

아직 어린 열매

열매가
막 맺힐 무렵의 뽕나무

5. 2.

뽕나무 잎은 표면에
입체감이 있어 생각보다
그리기 어렵다.

결각*이 많이 생기는 잎도 있는데
이 잎은 안 생기고 있다.

＊ 잎 가장자리가 깊게 파여 들어간 것.

뽕나무

닥나무 열매는 처음 보는 것 같다.

뽕나무와 같은 과라서 열매도 오디와 비슷한 데가 있다.

오디가 조금 길쭉한 타원형이고 닥나무 열매는 동그랗다는 점이 다르다.

마치 공중에 걸린 산딸기 같다.

닥나무는 한지를 만드는 재료로 유명하다.

나무를 꺾으려 하면 껍질이 질겨서 잘 끊어지지 않는다.

그래서 팽이채를 만들기 위해 닥나무를 자를 때면 낫을 들고 가야 했다.

닥나무 줄기의 질긴 성질을 옛날 사람들도 알아챘겠지.

그래서 종이를 만들 수 있다고 생각했겠지.

6. 30. 남산 산책로에서

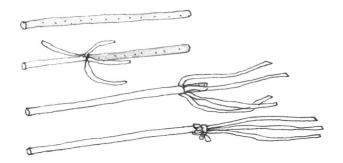

닥나무로 팽이채 만드는 법
껍질을 벗겨서 당기다가 끝까지 다 벗기지 않고 몇 센티미터만 남긴다.
벗겨낸 껍질 중 하나로 가지 끝에 매듭을 지어 묶으면 된다.
하지만 이것도 팽이를 몇 번 치면 금세 닳아서
결국 헌 운동화 끈으로 제일 많이 만들어 놀았다.

닥나무

닥나무(5.2)

뱀이 나타날 만한 논두렁이나 풀밭,
숲 가장자리에서 자라기 때문에 '뱀딸기'라고 불렀다.
어릴 땐 뱀이 먹는 딸기라고 해서 잘 먹지 않았는데
맛도 별로 없지만 배고플 땐 먹을 만했다.

너무나 익숙해서 쉽게 지나쳤던 뱀딸기를 가만 들여다보니
역시 몰랐던 것이 눈에 띈다.
세 갈래 잎도, 덩굴성 줄기도 신기하지만
나는 열매가 제일 재밌다.
특히 꽃받침 부분!
꽃받침잎이 모두 열 장인데 다섯 장, 다섯 장씩 다르게 생겼다.
뾰족한 것에는 수술이 붙어 있다.
그 아래 세 갈래로 된 턱잎 같이 생긴 것은 왜 있는 걸까?
꽃받침이 맞기는 한가? 턱잎이라면 또 왜 있는 걸까?
도감을 찾아보니 '부꽃받침'이라고 적혀 있다.
이 말은 또 뭔가? 세상엔 모르는 것 천지다.

6. 3.

이제 막 익고 있는 열매.
꽃받침이 안 펴졌다.

뾰족한 꽃받침잎이 5장. 수술이 붙어 있다.

세 갈래 모양 꽃받침잎이 5장.

뱀딸기

시골집에 가니 어머니가 복분자딸기 밭에서 풀을 매고 계셨다.

복분자가 까맣게 익어가고 있다. 옆에서 하나 따먹으니 맛이 좋다.

어머니가 금방 끝난다며 먼저 들어가라 하시기에

가지 하나를 꺾어 집에 와서 그렸다.

다 그려갈 무렵, 어머니가 복분자딸기를

한 소쿠리 가득히 담아 들고 오셨다.

소쿠리가 가득 차 있는 것을 보면 언제나 기분이 좋다.

원시 시대의 채집 본능이 남아서일까?

배가 빵빵하게 부른 소쿠리는 언제나 나를 행복하게 한다.

6. 16. 시골집에서

복분자딸기

남산에 산책 갔다가 산딸기를 잔뜩 봤다.

어릴 때 이 녀석을 찾아 들로 산으로 쏘다닌 기억이 새록새록 하다.

겨우 열매 하나를 찾았는데 누군가 이미 따 먹어

노란 젖꼭지 같은 부분만 남아 있으면 허탈감에 빠져 되돌아오곤 했다.

그래서 "엄마, 우리 집 마당에 산딸기 좀 심으면 안 돼?" 하고

졸랐다가 혼쭐난 적도 있다.

지금은 라즈베리라고 해서 대부분 재배한 것을

얼마든지 사먹을 수 있지만

이렇게 밖에서 마주치면 더 반갑다.

6. 29. 남산에서

열매를 딴 자리에
젖병 꼭지 같은 게 있다.
이걸 보면 늘 속상했다.

산딸기

솔방울을 하나 주웠다.
가을에 바닥에 떨어진 열매 중에는
이렇게 멀쩡하게 생긴 것이 꽤 있다.
왜 떨어졌을까?
어떤 거창한 이유보다는 익어서 떨어지거나, 병들어서 떨어지거나,
약해서 떨어지거나…… 저마다의 사소한 속사정이 있었을 것이다.
세상의 모든 일이 그렇듯이.

9. 30. 남산에서

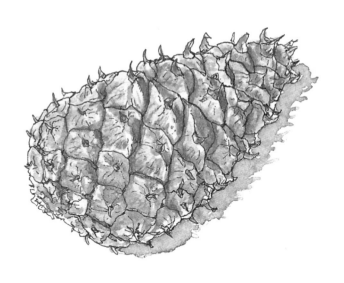

갑자기 궁금해진 솔방울의 성장 법칙

이 부분의 기능은 뭘까?
왜 점처럼 박혀 있는 걸까?

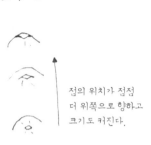

점의 위치가 점점
더 위쪽으로 향하고
크기도 커진다.

리기다소나무

소나무 열매는 2년에 걸쳐 익는다.

같은 소나무과에 속하는 잣나무, 전나무, 잎갈나무 등도 마찬가지다.

우리가 흔히 길에서 보는 솔방울은

이미 씨앗이 날아가 버린 3년차 솔방울이다.

사람들은 소나무를 비롯한 상록수들은 잎이 아예 지지 않는 줄 알지만

상록수 잎들도 엄연히 수명이 있다.

나무마다 다르지만 잎들이 대략 2년 넘게 붙어 있기 때문에

작년 잎과 올해 잎이 함께 있어서 늘 푸르게 보이는 것이다.

사람의 일도 그렇다. 늘 보이지 않게 부지런을 떠는 사람들은

남들 보기엔 노는 것 같지만

평소에 그렇게 준비하고 있으니

자신이 하고자 하는 바를 이루는 것이다.

6. 8. 양평에서

114

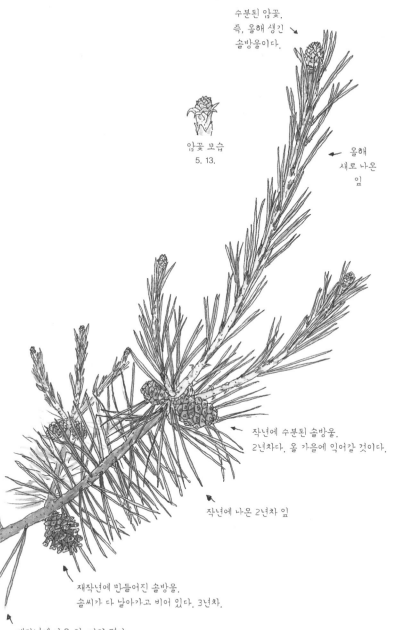

수분된 암꽃.
즉, 올해 생긴
솔방울이다.

암꽃 모습
5. 13.

올해
새로 나온
잎

작년에 수분된 솔방울.
2년차다. 올 가을에 익어갈 것이다.

작년에 나온 2년차 잎

재작년에 만들어진 솔방울.
솔씨가 다 날아가고 비어 있다. 3년차.

재작년에 나온 잎. 거의 졌다.
즉, 솔잎은 수명이 약 2년이라는 것을 알 수 있다.

그나무

남산에 산책 갔다가 가지치기한
나뭇가지를 쌓아놓은 장소를 발견했다.
여러 종류의 나무들 중에 백송 가지가
눈에 띄었다.
백송은 귀한 나무라서 평소에
이렇게 많이 자르지는 않을 텐데
꽤 굵은 가지도 섞여 있었다.
가지에는 이제 막 수정된 어린 열매가 달려 있다.
올해 태어난 솔방울인데 결국 빛도 보지 못했다.

8. 11. 남산

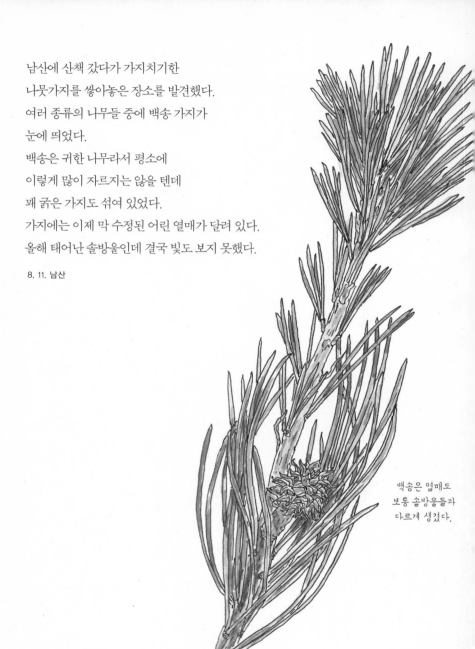

백송은 열매도
보통 솔방울들과
다르게 생겼다.

118

자르고 얼마 안 지났는지 잎이 아직 생생하다. 백송 잎은 보통 바늘잎 3장으로 이루
어져 있는데 중간에 4장짜리도 있고 5장짜리도 있다. 자연은 꼭 같은 것만 반복해
서 만들어내지 않는다. 사람처럼 중간중간 실수도 한다. 어쩌면 많은 실수들로 인해
지금의 세상이 만들어졌다고 해도 과언이 아니다.

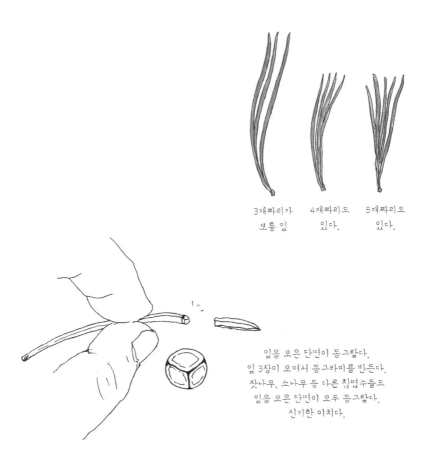

3개짜리가   4개짜리도   5개짜리도
보통 임   있다.   있다.

잎을 모은 단면이 동그랗다.
잎 3장이 모여서 동그라미를 만든다.
잣나무, 소나무 등 다른 침엽수들도
잎을 모은 단면이 모두 동그랗다.
신기한 이치다.

백송

생각해보니 백송 열매는 처음 그린다.
매일 스케치북을 들고 다니며 그림 그리는 습관을 붙인 지도
10여 년인데 아직도 안 그린 것이 많다.

바닥에 떨어진 백송 열매를 모아서 보니
씨앗이 잣처럼 생긴 것도 있고, 솔씨처럼 날개가 달린 것도 있다.
원래는 솔씨처럼 작은 씨앗에 날개가 달렸다가
시간이 지나면서 날개를 줄이고 잣과 비슷하게 되어가는 것 같다.
처음에는 바람의 도움을 받고 나중에는 청서(청설모)와 같은
동물의 도움을 받아 번식하려는 의도일 것이다.
아니면 동시에 두 가지를 노렸는지도 모르겠다.
생각해보면 대부분의 씨앗이 바람과 동물,
혹은 물의 도움을 동시에 받는다.
그래도 이렇게 형태를 달리하는 경우는 처음 보았다.

3. 17. 경희궁에서

백송 씨앗

솔씨를 닮은 것   잣을 닮은 것

백송

스트로브잣나무 밑에서 오래된 열매를 찾았다.
솔방울 종류는 열매가 다 벌어졌을 때의 모습이 한 송이 꽃과 같다.
생각해보면 암꽃이 변해서 열매가 되는 것이니 이상할 것도 없다.
겉씨식물은 씨앗이 씨방에 싸여 있지 않고 겉에 나와 있어서
암꽃과 열매 모양이 더욱 비슷해지는 것 같다.

왜 우리는 토종 소나무나 잣나무 대신에
스트로브잣나무를 조경수로 많이 심을까?
뭔가 이유가 있을 듯하다. 단순히 가격 문제일까?
스트로브라는 말이 언뜻 독일어인가 싶었는데 찾아보니 영어다.
미국에서 온 나무라고 한다. 스트로브는 바로 '솔방울'이다.
다른 나무에 비해 솔방울이 길고 또렷하게 생긴 것이
인상적이어서 그런 이름이 붙었나 보다.

7. 1. 경희궁

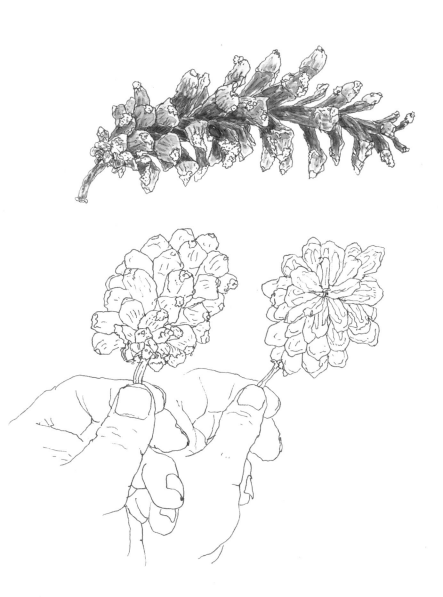

스트로브잣나무

스트로브잣나무 열매가 익어가는 모습

작년에 나온 암꽃이 수분되어
열매를 만들었다.
올 여름을 나면서 더욱 성숙해지고
가을이 되면 익을 것이다.

올해 새로 나온 암꽃

송진이 많이 나와 있다.
다른 열매들에 비해
스트로브잣나무는 송진이 많다.
이유가 있을 텐데
아직 잘 모르겠다.

잘 자라던 열매가 태풍에 떨어졌다.
이번 태풍만 잘 견디면
여물었을 텐데.

송진에 낙엽이 묻었다.

작년에 만들어진
어린 열매가 땅에 떨어진
뒤
건조되면서
갈변한 모습이다.

스트로브잣나무

오랜만에 청주에 수업을 갔다.

야외수업을 하는 장소가 잣나무 숲이었다.

지난밤 세찬 바람에 잣송이가 많이 떨어져 수확물이 넘쳐났다.

잣송이를 꼭 한번 집에 가져와 그리려고 마음먹은 지 오래인데,

오늘 운 좋게 만났다.

잣송이는 향이 정말로 좋다.

멋스럽게 익은 잣송이와 청서가 뜯어먹고

뼈다귀만 남긴 것을 함께 놓고 그려본다.

정말 기가 막히게 뜯어먹었다.

고 녀석! 먹으면서 진한 향기에 취하진 않았을까?

8. 8. 청주에서

청서가 뜯어먹은 잣송이

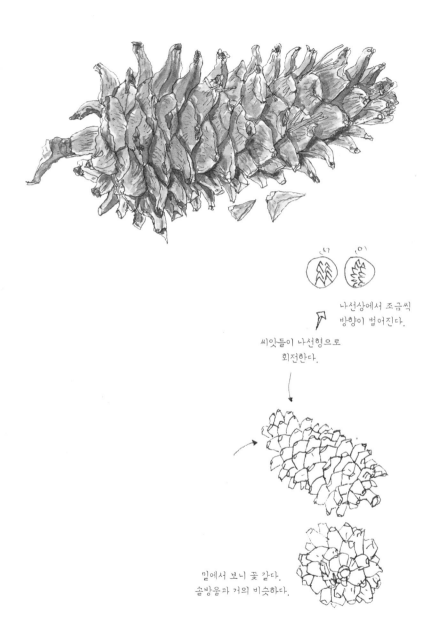

나선상에서 조금씩
방향이 벌어진다.

씨앗들이 나선형으로
회전한다.

밑에서 보니 꽃 같다.
솔방울과 거의 비슷하다.

잣나무

내가 다니던 초등학교 생울타리가 측백나무였다.

축구를 하다 공이 밖으로 튀어나가면 생울타리를 뚫고 주워 와야 했다.

그럴 때 몸을 스치던 측백나무 감촉이 아직도 생생하다.

다 익지도 않은 열매를 따서 친구들과 마구 던지면서 놀았다.

뾰족하긴 해도 단단하지 않을 때라 맞아도 그리 아프지 않았다.

6. 11.

아직 덜 익은 열매.
도깨비 뿔같이 생겼다.

나중에 익으면
이렇게 벌어진다.
마치 마름쇠* 같다.

* 도둑이나 적을 막기 위해 마당에 뿌려놓은 마름모 모양의 쇳덩어리.

측백나무

전주 건지산에 편백 숲이 있다고 해서 찾아가 보았다.
막상 가보니 화백과 편백이 섞여 있었다.
멀리 있는 편백 숲을 찾아가는 것보다 가까이 있는
동네 숲에 자주 다니는 게 건강에 더 좋다.

7. 15.

편백 열매.
지름 10~12mm

다 익으면
이렇게 된다.

화백 열매는
편백 열매보다 작다.
지름 6mm

작고 납작한 잎들이
마치 퍼즐처럼
맞춰져 있다. ➜

화백 / 편백

낙우송 열매는 전체적으로 통일감 있는 패턴을 못 찾겠다.
불규칙하다. 그 불규칙함이 또한 이 열매의 규칙이겠지?

7. 7. 이화여대

꼭지 부분이
꽃 모양이다.

낙우송

공룡 시대부터 있었다고 하는 메타세쿼이아.
수백만 년 전에 사라졌으리라 추측했지만
중국의 한 시골마을에서 1946년에 발견되었다.
은행나무와 함께 '살아있는 화석'이라고 불린다.
마치 무명 가수가 한순간에 한류 스타가 되듯,
뒤늦게 세상 사람들의 눈에 띄어 큰 사랑을 받고 있다.
드라마 같은 생이랄까?
우리나라에는 전남 담양에 유명한 메타세쿼이아 길이 있다.
공룡도 이 나무를 보았겠지? 잎과 열매도 먹어보았겠지?
상상하면 타임머신을 탄 듯하다.

6. 11.

[그리기 팁]

열매를 주울 때 주변을 잘 둘러보면
같은 나무에서 작년에 떨어진 열매도 주울 수 있다.
올해 새로 난 열매와 작년에 떨어진 열매를 같이 비교하며 그리면
나무의 역사를 기록하듯 재미가 더하다.

작은 잎이 붙어 있다.

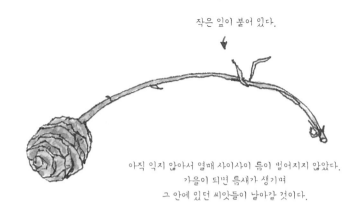

아직 익지 않아서 열매 사이사이 틈이 벌어지지 않았다.
가을이 되면 틈새가 생기며
그 안에 있던 씨앗들이 날아갈 것이다.

다 익은 열매.
옆에서 보면 벌어진
열매 하나하나가
입술 모양으로 생겼다.

위에서 보면 장미꽃 같다.

메타세쿼이아

올해 새로 나온
수꽃

이 잎은 시들었다.
가물어서 그런지
시든 잎이 많다. →

← 암꽃이 수분되어
열매를 맺었다.
틈마다 작은 날개가 달
씨앗이 들어 있다.
가을이 되어 익으면
건조되면서
틈이 벌어지고
씨앗이 바람에 날아간다

오 리마다 심어 오리나무라고 불렀다지만 그럴 리 없다.
어떻게 오 리마다 나무를 심고 가꿀 수 있겠나.
발음이 비슷해서 생겨난 말일 것이다.
어느 날 전통그림을 그리는 진채화 화백이 내게 물었다.
"혹시 오리나무 많은 곳을 아세요?"
"왜요?"
"그 열매로 비단에 염색을 하거든요."
비단에 그림을 그리기 전에 오리나무 열매를 달인 염료로
물을 들인다는 것이다.
옳거니, 우리가 보는 수많은 옛 그림에
오리나무가 역할을 했던 것이로구나!

8. 1. 남산

작년 열매

물오리나무

경기도 성남시에 있는 맹산으로 아이들과 놀이를 하러 갔다.
걷다보니 바닥에 느릅나무 열매 같은 것이 많이 떨어져 있는데,
하나를 들어서 보니 잎갈나무 실편이었다.
주변에 청서가 먹다 남긴 열매도 있었다.
청서의 먹이 흔적은 늘 솔방울만 봐왔는데
잎갈나무 열매도 먹는다는 것을 이제 안다.
숲에서 자연과학을 배우고 가르치는 나는, 당연하다 싶은 것도
직접 눈으로 보지 않으면 완전히 믿지 않는 경향이 있다.

그나저나 잎갈나무 열매는 참 예쁘다.
초록 장미꽃이 핀 것 같다.

6. 23. 성남 맹산에서

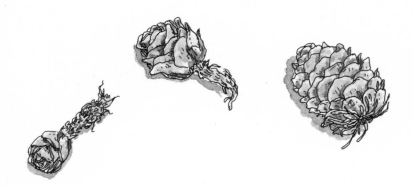

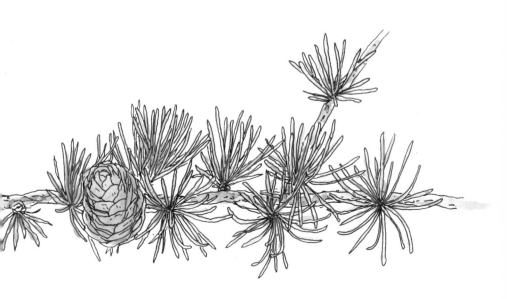

잎갈나무

히말라야시다 밑을 지날 때면 항상 위를 올려다보게 된다.
이 무렵이면 커다란 계란처럼 생긴 열매들이
가지에 주렁주렁 열리는데,
마치 어떤 새가 푸르스름한 알을 낳아놓은 듯하다.
시간이 지나 열매가 익고 마르면 제 형태를 유지하지 못하고
조각조각 떨어져서 안에 있는 씨앗들을 날려 보낼 것이다.
오늘은 시간이 부족해서 조금 생략해 그렸다.
그리는 내내 향이 정말 좋았다.

6. 12. 진주 과기대

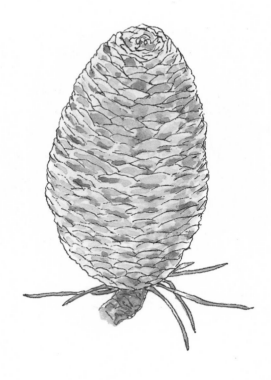

흔히 그림을 그리는 행위를 '그림 명상'이라고 말한다.
아무 상념 없이 그리고 또 그리는 데만 집중하다 보면
대상과 내가 하나가 되는 듯한 물아일체의 순간이 온다.
그러면 잠깐 그 열매와 말이 통한 것 같기도 하다.

9. 7. 전주교대 앞

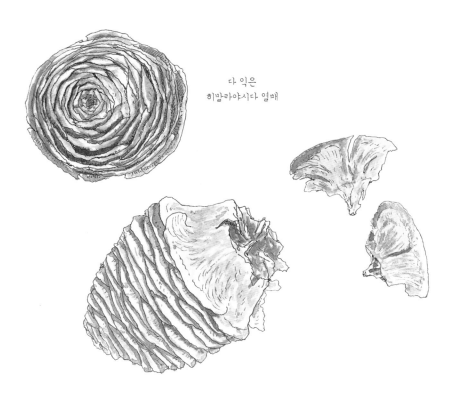

다 익은
히말라야시다 열매

히말라야시다

'살아서 천 년, 죽어서 천 년'이라는 말이 있을 정도로
수명이 길고 죽어도 잘 썩지 않는 주목.
그 비결은 나무 내부에 송진 성분이 쌓여 부패를 막기 때문이다.
나무의 겉과 속이 모두 붉어 주목이라고 부른다.
주목의 특이한 점은 대부분의 침엽수들이 솔방울을 닮은 열매(구과)를
만드는 것에 반해 거의 활엽수 같은 열매를 만든다는 것이다.
심지어 열매 색깔도 붉어 새를 불러들인다.
활엽수를 닮아가려는 것일까?

열매의 빨간색 과육만 떼어 먹으면 달콤하다.
살짝 끈적이는 액체도 나온다.
하지만 안에 있는 딱딱한 씨앗은 독이 있어서 먹으면 안 된다고 한다.
셰익스피어의 희곡《햄릿》에서 작은아버지가 왕위를 빼앗기 위해
햄릿의 아버지가 잠들었을 때 귓속에 넣는 독이
바로 주목 씨앗으로 만든 것이라고 한다.
먹으면 마비가 되고 호흡곤란이 온다고 하여,
나는 차마 입에 대지도 못했다.
대체로 나무의 독은 풀독보다 약한 편인데 그렇게 치명적일까?
한번 맛보고 싶기는 한데 걱정되어서 못 먹겠다.

8. 11. 집 앞에서

이 부분이 부풀어서 붉은 과육이 된다.
어린 열매는 꼭 도토리를
축소해놓은 것처럼 생겼다.

주목

칠엽수 어린 열매.
비바람에 떨어졌다.
나무에 달려 있는 열매들은
여름 동안 한참 더
자랄 것이다.
지금 모습은
꼭 무화과 같다.

6. 10.

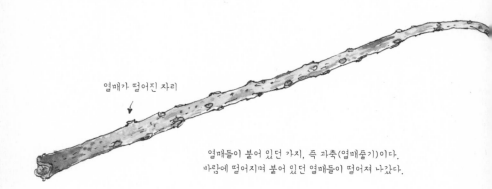

열매가 떨어진 자리

열매들이 붙어 있던 가지, 즉 과축(열매줄기)이다.
바람에 떨어지며 붙어 있던 열매들이 떨어져 나갔다.

초여름부터 가을까지 공원이나 거리에서
흔히 볼 수 있는 것 중 하나가 칠엽수 열매다.
가지째 떨어진 동그란 갈색 열매를 찾아보시라.
가끔 이 나무를 보고 '마로니에'라고 부르는 사람들도 있는데,
마로니에는 비슷한 열매에 가시가 있는
가시칠엽수의 다른 이름이다.
칠엽수는 일본에서 왔고,
가시칠엽수는 유럽이 원산지다.

보름 사이에 많이 컸다.
자랄수록 겉의 무늬가
도드라진다.

6. 26.

칠 엽 수

칠엽수(9.14)

열매가 아직 다 익지 않았다.
전체적으로 연한 갈색이 되었지만
가시 부분은 아직 초록색이다.

7. 24. 홍대 앞에서

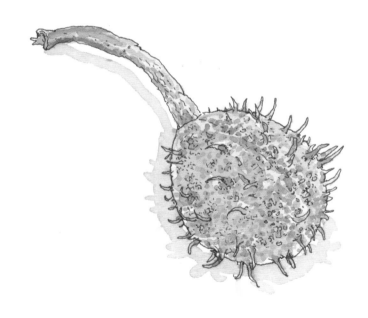

가시칠엽수

전주 간 김에 후배를 만나러 전북대 앞에 나갔다가
길가의 이팝나무가 꺾여 있는 것을 보았다.
어차피 죽을 부분이니 조금 잘라서 후배를 기다리며 그렸다.
이팝나무는 쌀밥을 한 공기 담아놓은 것처럼
풍성한 흰 꽃이 피기 때문에 붙은 이름이다.
그러면 왜 쌀밥을 이밥(이팝)이라고 했을까?
조선시대에 왕과 부자들만 먹어 '이 씨들이 먹는 밥',
이성계가 왕이 된 초기에 백성을 잘 살게 해줘서
'이 씨가 먹게 해준 밥'이라는 뜻으로 불렀다는 얘기가 있다.
그 반면에 인도 원산인 벼를 한반도에 들여올 때
인도어가 함께 들어와 쓰였다는 설이 있다.
밥과 벼도 인도 말 '브리히'에서 유래했다.
쌀을 부르는 인도 말 중에 '늬'가 있는데
우리말로 껍질이 안 벗겨진 쌀을 '뉘'라고 한다.
이밥의 '이'도 '늬'에서 유래한 것이라는 주장에 설득력이 있다.
어쨌든 식물에겐 햇빛이 밥이다. 잘려진 가지에 달린 열매는
더 이상 밥을 먹을 수 없다. 가만 생각하니 나도 아직 밥을 안 먹었다.

6. 17. 전북대 앞에서

씨앗

밝은 녹색 반점이 찍혀 있다.
나중에 익으면 좀 더 동그래진다.
안에 아몬드 같은 흰색 씨앗이 들어 있다.
가을이 되면 검게 익는다.

이팝나무

이팝나무(5.13)

남산에서 때죽나무를 자주 만난다.

열매가 쪽동백나무와 비슷하지만 그보다 작고

과축에 주로 한 개만 달리는 점이 다르다

(쪽동백나무는 열매 여러 개가 한 송이처럼 달린다).

쪽동백나무는 산에나 가야 볼 수 있는 데 반해

때죽나무는 사람의 간섭이 많은 공원 같은 곳에서도 잘 자라 친근하다.

6. 29. 남산

때죽나무

좀 더 자란 열매.
커지니 더 동그래지는 것이
쪽동백나무 열매를 닮았다.

어린아이
머리 같다.

쪽동백나무

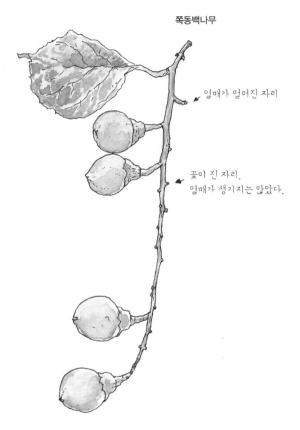

열매가 떨어진 자리

꽃이 진 자리.
열매가 생기지는 않았다.

꽃이 있었던 자리를 모두 세어보니 23군데다.
그중에 열매로 자란 것은 4개밖에 없다.
이 4개가 익어서 땅에 떨어진다고 해도
모두 다 싹이 나고 나무로 자라는 것은 아니다.
　8. 11.

때죽나무 / 쪽동백나무

때죽나무 꽃봉오리(5.23)

출판사에서 나오는 길 화단에 고욤나무와 감나무가 있다.
같은 시기에 크기 비교를 위해 나란히 놓고 그렸다.
'고욤 일흔이 감 한 개만 못하다'는 말이 있는데,
고욤도 서리 맞아 익은 것은 곶감 같아서 먹을 만하다.
고욤나무는 감나무 접붙이는 대목으로 쓴다.
귤나무를 탱자나무에 접붙이듯 감과 고욤의 관계가 그렇다.
고욤의 ㄱ과 ㅁ, 감의 ㄱ과 ㅁ이 겹치는 것은 우연이 아닐 것이다.

6. 19.

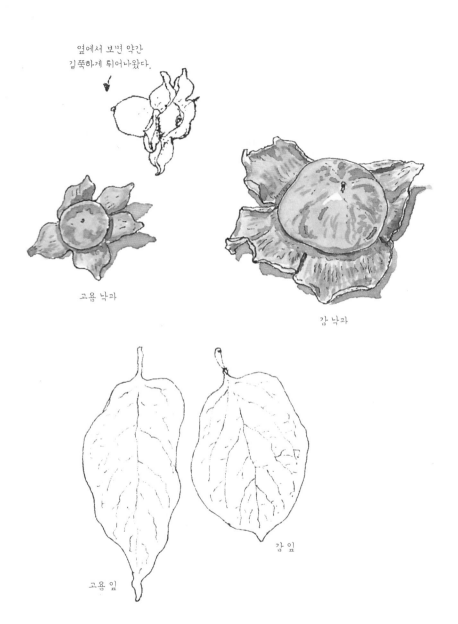

옆에서 보면 약간
길쭉하게 튀어나왔다.

고욤 낙과

감 낙과

고욤 잎

감 잎

고욤나무 / 감나무

어릴 적부터 먹던 감이다.

아버지가 밭에 다녀오는 길에 따오셨다.

요새는 큰 감이 많은데

예전에는 이렇게 작은 감을 먹었다.

아버지는 '먹시감'이라고 부르신다.

아마도 감 표면에 거무스름한 무늬가 있어 먹시라고 하는 것 같다.

수익을 위해 더 크고 인기 있는 상품을 만들어내는 것이

농부의 길일지 모르나 예부터 먹던 농작물을 그대로 길러

토종 씨앗을 보존하는 것도 의미 있는 일이 아닐까?

우리 땅에 토종식물들이 많이 살아남아

생태적 다양성을 잃지 않으면

우리 몸에도 물론 좋은 일일 것이다.

10. 12. 시골집

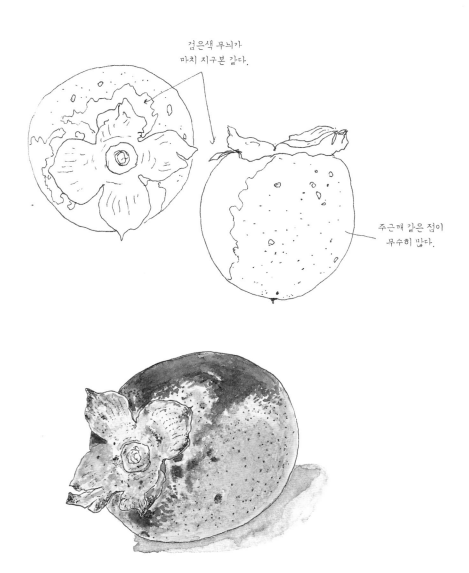

검은색 무늬가
마치 지구본 같다.

주근깨 같은 점이
무수히 많다.

감나무

올해는 신기하게 도토리가 크다.

나만 그렇게 느끼는 걸까?

도토리가 풍년이면 벼가 흉년이라는 말이 있다.

비가 오지 않아 가물면 벼농사는 망치지만

참나무 꽃이 비에 떨어지지 않아 도토리가 더 많이 열린다는 뜻이다.

올해는 가뭄이 계속되다가 뒤늦게 비가 많이 온다.

도토리도 벼도 모두 풍년이 될 것 같다.

어느 한 쪽이 아니라 둘 다 잘 되는 길도 자연에선 얼마든지 있다.

2014. 8. 8.

[그리기 팁]

참나무 열매를 도토리라고 부르는데,
나무 종류마다 도토리의 모양과 크기가 다르다.
참나무 종류를 만날 때마다 잎과 열매를 함께 주워서
그려보면 그 차이를 확연히 알 수 있다.

신갈나무

강의를 나가는 청강대학교에 굴참나무가 많다.
굴참나무는 상수리나무와 같이 도토리를 싸고 있는
깍지 부분이 털처럼 나 있는 것이 특징이다.

참나무 열매는 어떻게 만들어질까?
그 경로를 생각하면서 가지째 관찰하고 그려보았다.
솔방울들이 그렇듯 도토리도 2년에 걸쳐서 여문다.

9. 5.

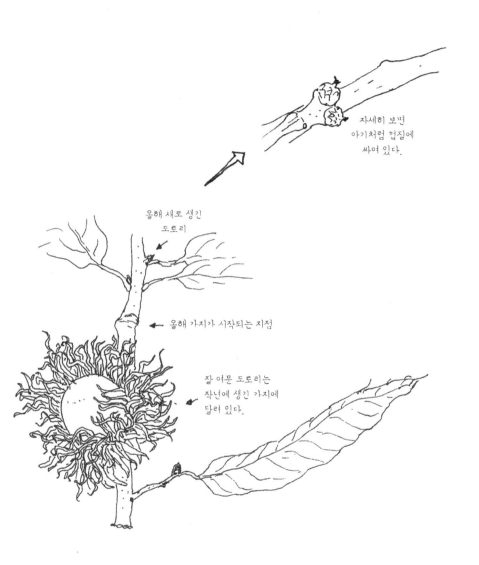

자세히 보면
아기처럼 껍질에
싸여 있다.

올해 새로 생긴
도토리

올해 가지가 시작되는 지점

잘 여문 도토리는
작년에 생긴 가지에
달려 있다.

굴참나무

그간 산이나 공원에 다니며 주워서 주머니에 넣어왔던 것들을
꺼내놓으니 꽤 된다. 다 같이 놓고 그려본다.
같은 참나무 종류이면서 열매 모양과 크기가 저마다 다르다.
어떤 조건을 어떤 방법으로 극복하기 위해 모양을 변화시켰을까?
궁금하다.

도토리 키재기

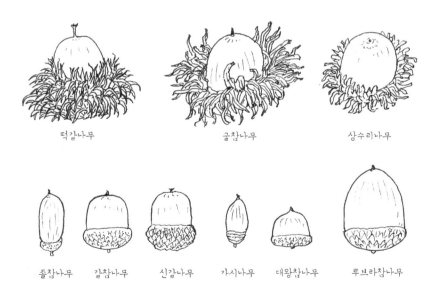

떡갈나무   굴참나무   상수리나무

졸참나무   갈참나무   신갈나무   가시나무   대왕참나무   루브라참나무

서울숲에 모임이 있어 갔다가
도토리가 달린 루브라참나무 가지를 주웠다.
가을에 이렇게 가지째 떨어진 참나무를 자주 볼 수 있는 것은
도토리에 알을 낳는 도토리거위벌레 때문이다.
가지의 잘린 단면이 가위로 자른 듯 반듯하면 영락없이 이 녀석들 짓이다.
도토리거위벌레가 외래종 참나무에도 알을 낳는다는 사실은
이번에 보고 처음 알았다.
녀석들도 새로 알게 되었을 것이다.
이런 나무도 있다는 것을.

2011. 8. 24.

도토리를 노리는 도토리가위벌레
도토리거위벌레는 송곳처럼 뾰족한 주둥이로
단단한 도토리 껍질을 뚫고 그 안에 알을 낳는다.
그리고는 도토리가 매달린 가지를 통째로 잘라 바닥에 떨어뜨리는데,
도토리가 더 이상 여물지 않아야 애벌레가 태어나서
연한 속살을 먹을 수 있기 때문이다.

└ 도토리거위벌레가 자른 흔적.
　단면이 깨끗하다.

루브라참나무

거위벌레가 드디어 알을 낳기 시작했다.
부모가 될 준비를 하고 있다.
졸참나무는 이미 부모가 되어 자식을 만들었는데
그 자식이 제대로 자라긴 어렵게 되었다.
부모가 되고자 하는 동물과 식물의 싸움이라고 할까?
어찌 보면 숲은 전쟁터 같기도 하다.

8. 2. 남산

도토리의 뚜껑 같은 깍지에
거위벌레가
알을 낳은
구멍이 있다.

졸참나무

도토리가 여러 개 달린 나뭇가지도
잘려서 바닥에 떨어져 있었다.
구멍이 난 도토리는 두 개다.
나머지는 아까워서 어쩌나.

8. 30. 이화여대

갈참나무

제주도에 갔다가 한라산 둘레길을 걸었다.

걷다가 가시나무를 만났다.

가시나무는 참나무과 나무 중에서도 사계절 잎이 지지 않는 상록수다.

하지만 도토리거위벌레에게 당하면 다 소용없다.

8. 23. 제주도

도토리에 구멍이 나 있다.
이 안에 거위벌레 알이
들어 있을 것이다.

가시나무

단풍나무들은 열매도 단풍이 든다.
한 가지 색깔이 아니다.
자연에 한 가지 색으로만 이루어진 것이 있을까?

단풍나무 열매는 날개가 두 개인 바람개비처럼 생겼다.
날개가 돋아난 안쪽 두툼한 자리에 씨앗이 한 개씩 들어 있다.
떨어질 때는 날개가 쪼개져서 한 장씩 날아간다.
바람을 타고 '피르르' 돌면서 멀리 떨어진다.

7. 23. 시골집에서

같은 열매 다발 중에
먼저 말라가는 것도 있다.

신나무

봄에 단풍나무 꽃을 보면
열매가 저렇게 생긴 이유를 알 수 있다.

4. 29.

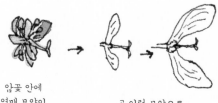

암꽃 안에
열매 모양이
생겼다.

곧 이런 모양으로
자랄 것이다.

대표적인 단풍나무 열매들

신나무

단풍나무

당단풍나무

고로쇠나무

중국단풍나무

복자기

신나무(6.29)

층층나무를 처음 본 것은 강원도에서였다.
나무를 알고부터는 시골집에 가도 많이 보였다.
'생각보다 흔한 나무구나' 생각할 무렵,
남산에 올랐다가 거기서도 보았다.
층층나무는 산에서만 자라는 나무가 아니라 서울 도심에서도 자란다.
맘만 먹으면 집 주변이나 공원에서도 얼마든지 찾을 수 있다.

나무 밑에서 열매를 매단 채 떨어진 가지를 주웠다.
집에 가져와 바로 그리지를 못하고 며칠 묵혔더니 잎이 시들시들해졌다.
그래도 열매는 아직 봐줄 만하다.
처음에는 녹색이다가 누렇게 변하다가 붉어지다가 검게 익는다.
벚나무 열매가 익는 것과 같은 순서다.

나뭇잎에 단풍이 드는 것은 엽록소가 파괴되면서
카로티노이드라는 천연 색소물질이 발현되고
다시 그 안에 있던 당분에 의해 안토시아닌이 발현되면서
붉게 변한다고 알려져 있다.
열매가 익어가는 과정도 비슷할 것 같다.
　　8. 3. 남산

층층나무

열매는 팥과 비슷하고 꽃은 배를 닮았다고 해서 팥배나무다.
혹은 열매 맛은 배처럼 단데 생긴 것은
팥처럼 작고 붉다고 해서 팥배라고 부른다고도 한다.
하지만 실제로 먹어보면 단맛은 아주 약하고 신맛과 떫은맛이 강하다.
팥배나무 열매를 새들이 가장 좋아한다고 알려져 있는 것은
특별히 맛이 있어서라기보다 다른 열매들에 비해 겨울이 되어도
늦게까지 안 떨어지고 영양을 공급해주기 때문일 것이다.

팥배나무(10.23)

178

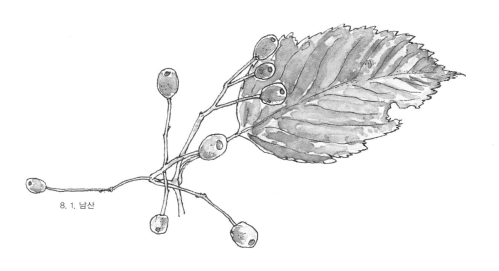

8. 1. 남산

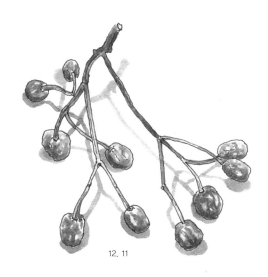

12. 11

팥배나무

시골집에 잠깐 내려갔다가 점심 먹고 산책을 했다.

어릴 적 많이 다니던 산길에서 낯선 나무를 만났다.

비목나무다.

'우리 동네에도 비목나무가 있네?'

이파리를 만지니 향기가 났다. 녹나무과라 그런가?

같은 과에 속한 녹나무도 생강나무도 잎을 만지면 향기가 난다.

물론 그 향은 곤충을 못 오게 하려는 일종의 독이다.

식물이 지닌 독성은 대부분 곤충 몸에 나트륨과 칼슘을 운반하는

나트륨펌프의 기능을 마비시킨다고 한다.

전해질인 나트륨이 부족하면 곤충은 뇌 기능이 망가져 죽게 된다.

그와 달리, 우리 인간은 몸집이 커서 이 정도 독은 오히려 약이 된다.

8. 2. 시골집에서

식물의 독성

소나무의 갈로타닌, 호두나무의 주글론, 때죽나무의 에고사포닌, 유칼립투스의 유칼립톨, 토끼풀의 테르펜, 토마토의 토마틴, 감자의 솔라닌 등 독성을 가졌다는 식물이 꽤 있다. 식물은 왜 독을 품을까? 이유는 제 옆에 다른 식물이 자라지 못하게 함으로써 햇빛 경쟁에서 우위를 차지하거나, 병이나 해충으로부터 제 몸을 지키려는 생존 전략이다. 식물은 동물과 달리 움직이지 못하기 때문에 이런 자구책이 필요했을 것이다.

가을이 되면 빨갛게 익을 것이다.
비목나무 열매는 정말 새빨갛다.
마치 '사랑의 열매' 로고를 닮았다.
혹시 사랑의 열매가
이 나무 열매를 보고 디자인한 걸까?

비목나무

산수유 열매를 보면 언제나 김종길의 시
〈성탄제〉의 마지막 구절이 생각난다.

> 서러운 서른 살 나의 이마에
> 불현듯 아버지의 서느런 옷자락을 느끼는 것은,
> 눈 속에 따오신 산수유 붉은 알알이
> 아직도 내 혈액 속에 녹아 흐르는 까닭일까.

산수유 열매를 본 적이 없는 사람도 그 이름을 익히 아는 것은
아마도 이 시의 영향이 있지 않을까?
한 줄의 시를 통해 수많은 사람들이 산수유를 알게 된다.
그것이 문학의 힘이자 작가의 힘이다.
대중 앞에서 말을 하고 글을 쓰고 그림을 그리는 이들은
그런 이유로 한마디 한마디를 조심하고 말한 뒤에 실천도 뒤따라야 한다.
이 시대에 우리가 좇아야 할 스승, 어른, 지도자는 누구인가?
산수유를 그리며 먹먹해진다.

9. 28. 청강대

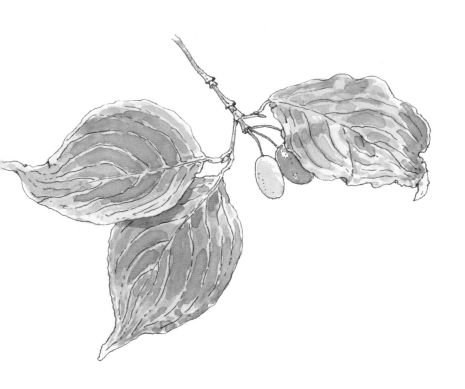

산수유

우리가 흔히 보리수라고 부르는 나무는 여러 가지가 있지만 정식 명칭으로는 이 나무가 보리수나무다. 둥근 열매 안에 보리 알 같은 씨앗이 들어 있다고 해서 '보리수'가 되었다. 이것보다 커다란 나무는 뜰보리수다. 뜰보리수는 늦은 봄에 열매가 익는 반면에 보리수나무는 여름에 열매를 맺고 가을에 익는다.

8. 2. 남산

열매가 익으면
이렇게 붉어진다.

보리수나무

이름이 비슷하지만 성격이 전혀 다른 나무도 있다.
남부 지방 해안가에 덩굴로 많이 자라는 보리밥나무다.
열매 모양은 보리수나무나 산수유와 비슷하지만
사계절 잎이 푸른 상록수로
가을에 꽃이 피어 겨울에 열매가 맺히고,
잎과 열매에 모두 은빛이 도는 것이 특징이다.

1. 8. 제주도

보리밥나무

오랜만에 청계산 계곡에 갔다.
함께 간 사람들과 도란도란 이야기도 나누고
계곡에 발도 담그고 내려오는 길에 떨어진 열매를 주웠다.
피나무의 한 종류인 찰피나무 열매다.

맞다. 예전에 자주 오던 곳이었는데 그새 잊고 있었다.
이 길을 지나면 으레 '이곳에 찰피나무가 있었지' 생각하고는
하트 모양 잎을 한 번 더 쳐다보고는 했다.
자연을 보기 위해 여러 군데를 돌아다니지 않고
한 곳만 자주 가는 것도 좋다.
그곳에 있는 풀과 나무가 변해가는 모습을
일 년 내내 지켜볼 수 있기 때문이다.

7. 30.

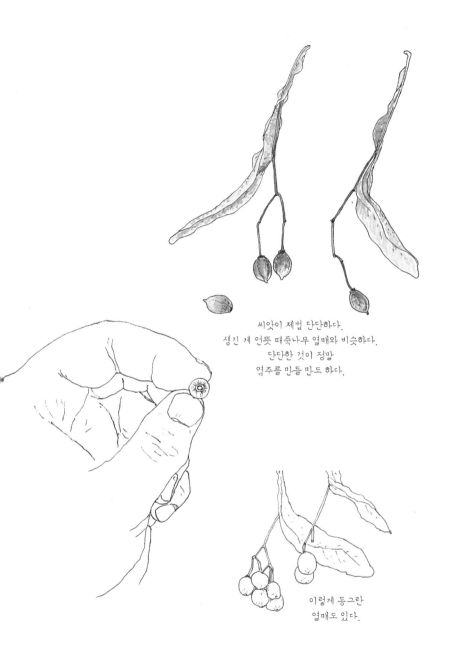

씨앗이 제법 단단하다.
생긴 게 언뜻 때죽나무 열매와 비슷하다.
단단한 것이 정말
염주를 만들 만도 하다.

이렇게 동그란
열매도 있다.

찰피나무

새들이 좋아하는 빨간 열매의 대표 주자다.
열매가 다 익으니 말랑말랑해서 새들이 좋아할 만하다.
잘 익은 열매를 가방에 잠시 넣어두었는데 한 알이 으깨졌다.
덕분에 씨앗까지 관찰하게 되었다.

공원이나 숲을 걷다 보면 새들이 잘 앉아 있는 돌이나 나뭇가지 위에서
이런 열매를 물어다 과육만 먹고 씨앗을 뱉어놓은 흔적을 찾아볼 수 있다.
아니, 찔레꽃 열매라면 너무 작아서 펠릿*으로 토해내지 않고
배설할 때 그냥 나오려나?

11. 1. 청강대에서

새가 먹고
뱉어놓은 식물 씨앗

* 새들이 먹이를 먹고 다 소화시키지 못해서 토해내는 것들. 보통 동물의 깃털이나 뼈, 식
  물의 씨앗 등을 포함한다.

열매 한 알에서 씨앗이 9개나 나왔다.
씨앗의 겉껍질에서 주황색 물이 나온다.
천연물감으로 써도 되겠다.

찔레꽃

쩔레꽃(11.3)

담쟁이덩굴 열매가 익어가는 모습.
열매들이 자유로워 보인다.
어떤 열매는 아직 만들어지지 않았고,
어떤 열매는 더 튼실하다.
제각각 난 자리에서 여기저기로,
위로 아래로 마구 뻗어나가려는 듯이 자유롭다.
옛 선비들은 회화나무의 가지 뻗음에서
자유로운 사고의 흐름을 읽었다고 하는데,
내게는 올해 이 담쟁이 열매가 그렇게 다가온다.

8. 4. 집 앞에서

작고 동그란 열매들이 새를 겨냥해서 빨갛게 익어갈 때,
담쟁이 열매는 왜 까맣게 익는 걸까?
그렇게 질문하고 생각해보니 까만 열매도 꽤 있다.
쥐똥나무 열매도 그렇다.

9. 22.

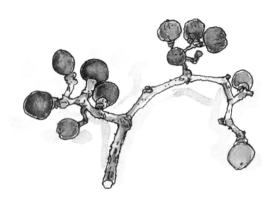

담쟁이덩굴

쥐똥나무 꽃이 지고 있다.

얼마 전만 해도 쥐똥나무 꽃향기에 취할 정도였는데······.

옆 가지에는 열매가 생겨나고 있다.

7. 3.

잎은 보라색으로 물든다.
안토시아닌이 많아서겠지?

쥐똥나무 열매가 익어간다.
가을이 깊어간다.
열매는 점점 검어지다가 급기야
콩처럼 새까매질 것이다.

10. 28.

쥐똥나무

나뭇가지나 단풍 든 잎을 태우면
노란색 재가 남는다고 해서 노린재나무다.
혹자는 재가 노란 것이 아니고
그 재를 노란색 내는 염료로 사용한다고도 했다.
하지만 내가 안 해봐서 모르겠다.
감히 생가지를 잘라 태울 생각을 못해봤다.
그런 것보다 우리가 더 신경 써야 할 얘기가 따로 있다.
노린재나무는 뒤흰떠알락나방이라는
곤충 애벌레의 유일한 먹이식물이다.
이 나무가 사라지면 그 나방도 사라진다.

8. 2. 남산

가을이 되면 이렇게 익는다.
숲에서 만나는 열매 중에
둘째가라면 서러울 정도로
멋진 색을 지녔다.

노린재나무

이름을 처음 들으면 좀 놀란다. 웬 작살?

작살나무는 중심 가지를 사이에 두고 양쪽에 마주나는 가지가 있어서

마치 삼지창을 연상시키는 모양으로 가지가 뻗는다.

어떤 이는 이 나무로 진짜 작살을 만들었다고도 하지만 그럴 리 없다.

나무가 약해서 작살로 썼을 리는 없다.

그보다는 가지 모양이 작살을 닮아서

작살나무라고 부른다는 게 거의 정설이다.

하지만 나는 아무리 생각해도 모르겠다.

잎이 마주나는 나무들은 모두 삼지창 모양으로 가지를 뻗는데

왜 이 나무만 작살이라는 이름을 얻었을까? 그게 의아하다.

작살나무는 가을에 열리는 열매가 가장 큰 매력이다.

그렇다면 열매를 상징하는 이름을 달아주는 게 더 맞지 않았을까?

요새 젊은 사람들이 즐겨 쓰는 말 중에 '간지작살'이라는 말이 있다.

실제로 작살은 물고기를 잡는 도구 외에도

완전히 망가지거나 부서진 것을 뜻하는 단어로 쓴다.

흔히 '작살난다'고 표현하는데

이를 엄청나게 멋지다는 느낌의 반어법으로 사용하는 것이다.

작살나무 열매가 열리면, 정말 작살이다!

8. 5. 남산

익으면 이런 색 열매가 된다.
노린재나무 열매와 함께
가을날 숲속에서 보석을
만난 듯한 느낌을 주는 열매다.

꽃

작살나무

작살나무(10.2)

제 3 부

씨 앗

아무것도 소멸하지 않는다.

가죽나무 열매는 열매라기보다 씨앗을 감싼 옷 같다.
얇고 길쭉한 껍질 안에 작은 씨앗이 단단히 자리 잡고 있는 모양이
가벼운 햇살에도 투명하게 비쳐 보인다.
씨앗이 좀 더 여물면 껍질이 날개가 되어
씨앗을 안전하게 먼 곳까지 데려다줄 것이다.

6. 14. 경희궁

가죽나무 꽃이 지고
슬슬 열매로 변하는 시기다.
비바람에 떨어진 게 많다.
과축까지 떨어졌다.

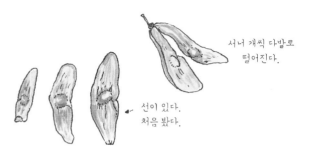

서너 개씩 다발로
떨어진다.

선이 있다.
처음 봤다.

아직은 어린 열매라서
보들보들하다.

며칠 뒤에 가보니 열매가 좀 더 자랐다.
뒤틀림도 강해졌다.

6. 26.

가죽나무

가죽나무 열매를 무더기로 주웠다.
태풍이나 큰 비가 지나가면 이렇게 가지째 떨어지는 경우가 종종 있다.
세상에나, 작은 가지에도 이렇게 많은 열매가 달리는데
나무는 왜 적은 걸까?
모든 씨앗이 살아남아 나무로 자라는 건 아니기 때문이다.
씨앗들도 살아남기 위한 경쟁이 치열하다.

7. 16. 남산

가죽나무

모처럼 홍릉수목원에 다녀왔다.
물푸레나무 열매를 주워 책상에 며칠 두었는데
마르면서 휘어지고 있다.
열매가 휘는 것은 나무에서 떨어질 때
회전력을 키우려는 의도일까,
아니면 껍질이 워낙 얇아서 그냥 햇볕에 변형이 되는 걸까?
아무튼 이 열매들은 제 역할을 못하고
미리 떨어져버렸으니 알 수가 없다.

6. 28. 홍릉수목원

물푸레나무(7.19)

날개 달린 열매를 반으로 자르니
안에 까만 씨앗이 들어 있다.

물푸레나무

자귀나무 꽃을 좋아한다.

여름에 화려한 꽃만 보면 콩과 식물이라는 걸 이해하기 어렵다.

하지만 꽃 진 자리에 열매가 맺히는 모양을 보면

영락없이 '콩깍지'다.

열어서 안을 보니 작은 씨앗들이

탯줄 같은 것을 매달고 칸칸이 들어앉아 있다.

8. 31. 청강대학교

콩 껍질을 하나 잘라서 열어보니
씨앗에 가느다란 실 같은 것이 붙어 있다.
이것을 통해 양분을 제공받나 보다.

7. 5.

자귀나무

자귀나무는 대부분의 콩과 식물들처럼
저절로 꼬투리를 터뜨려 씨앗을 퍼뜨리지 않고
바람을 이용해 열매를 더 멀리 보내는 전략을 쓰는 것 같다.
청강대학교에 딱 한 그루 있는 자귀나무 주변을 조사하니
꼬투리가 50미터 밖까지 날아가 있었다.
물론 땅에 떨어진 후에 바람에 의해 더 굴러갔을 가능성도 있지만
오르막이라 쉽지 않았을 것이다.
게다가 지난주에는 떨어진 열매도 없었다.

11. 29.

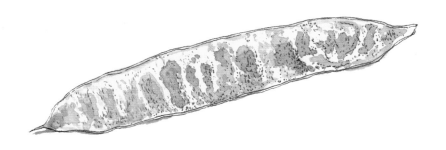

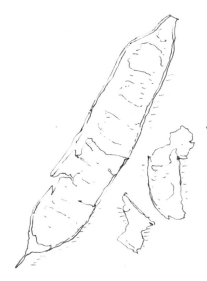

나무에 달린 채 꼬투리가 터진
자귀나무 열매를 본 적이 없다.
대신, 이 녀석은 꼬투리가 얇아서 잘 찢어진다.
바람을 타고 가기 위해 무게를 줄인 걸까?

씨앗들

자귀나무

아까시나무도 콩과 식물이어서 꼬투리 열매가 달린다.
안에 강낭콩처럼 생긴 씨앗이 들어 있다.
마치 아이가 엄마 뱃속에 웅크리고 있는 모양으로
다소곳이 붙어 있다.

8. 3. 시골집에서

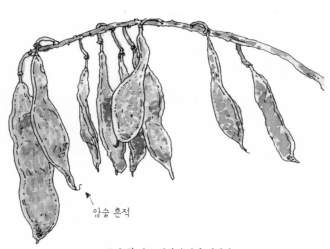

암술 흔적

꽃이 필 때도 여러 송이가 피더니
열매도 여러 개 달린다.
당연한 일인데도 신기하다.

216

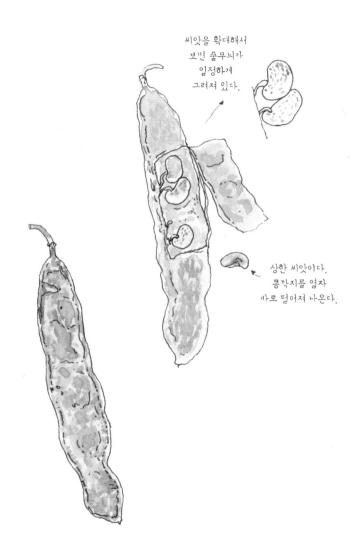

씨앗을 확대해서
보면 줄무늬가
일정하게
그려져 있다.

상한 씨앗이다.
콩깍지를 열자
바로 떨어져 나온다.

아까시나무

다 익은 꼬투리 안의 열매들.
아까시나무도 자귀나무처럼
꼬투리를 바람에 날려 씨앗을 이동시킨다.

11. 29.

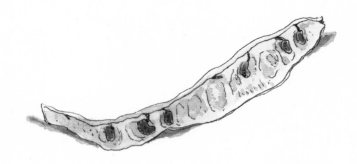

아까시 열매가
생기기 시작할 때의 모습.

6. 2.

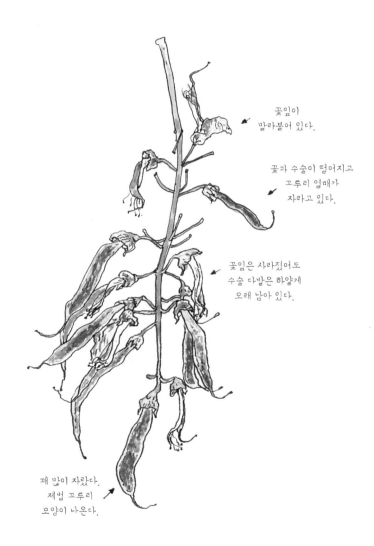

꽃잎이
말라붙어 있다.

꽃과 수술이 떨어지고
꼬투리 열매가
자라고 있다.

꽃잎은 사라졌어도
수술 다발은 하얗게
오래 남아 있다.

꽤 많이 자랐다.
제법 꼬투리
모양이 나온다.

아까시나무

줄기에 무서운 가시가 있는 주엽나무 열매다.
'쥐엄나무'라고도 하는데 조협(皂莢, 검은 콩꼬투리)에서
그 어원이 유래했다고 한다.
주엽나무는 전국에 퍼져 자라는 우리나라 토종나무지만
도시에서는 쉽게 보기 어렵다.
덕수궁, 창덕궁 같은 고궁이나 수목원에서나 볼 수 있다.
예부터 흔하게 이용한 생활 속 나무라기보다는
악귀를 막아주는 벽사의 의미를 띠고 있어서 그런 것이 아닐까?

나도 무시무시한 가시 때문에 더 가까이 다가가지는 못하고
바닥에 떨어진 열매만 주워왔다.
제법 큰 열매를 손에 들고 흔들면서 걷는데 마라카스처럼
'자르르르' 소리가 났다. 그냥 그대로 악기 같다.
오래 관찰한 바가 의하면, 주엽나무의 꼬투리 열매도
저절로 벌어지지 않는다. 그러면 어떻게 번식할까?
혹시 열매가 심하게 뒤틀린 데 힌트가 있는 것일까?
(너무나 비슷해서 착각할 만큼 닮은 조각자나무는 열매가 반듯하다).
S자로 심하게 구부러진 열매는 반듯하게 마른 열매에 비해
동물이 한번 밟으면 쉽게 바스라진다.
설마 동물의 밟는 힘을 이용해 씨앗을 퉁겨내는 것일까?
줄기에는 무서운 가시들을 달고 동물이 못 다가오게 위협하면서?

2. 11. 덕수궁에서

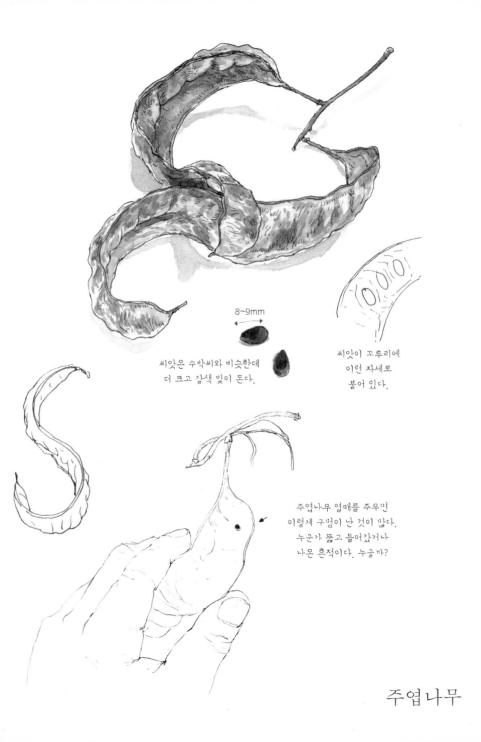

8~9mm

씨앗은 수박씨와 비슷한데
더 크고 갈색 빛이 돈다.

씨앗이 꼬투리에
이런 자세로
붙어 있다.

주엽나무 열매를 주우면
이렇게 구멍이 난 것이 많다.
누군가 뚫고 들어갔거나
나온 흔적이다. 누굴까?

주엽나무

주엽나무(5.3)

다 익은 등나무 열매를 주워온 적이 있다.
나중에 그려야지 하고 책상에 두었는데
어느 날 보니 몸이 꽈배기처럼 뒤틀려 터져 있었다.
언제 터진 걸까? 내가 집에 없을 때였나?

열매 안에는 콩처럼 밥에 넣어 먹을 수도 있다는
원반형 씨앗이 들어 있다.
꼬투리에 분명히 여섯 알이 있었는데 집 안을 아무리 찾아도
두 개밖에 없다. 어디로 간 걸까?
꼬투리 터지는 힘이 너무 세서 창을 넘어갔나?
밖에서 터졌다면 좋았을 텐데,
이 녀석들도 애먼 집에 들어와서 헛물 켰다.

3. 2. 집에서

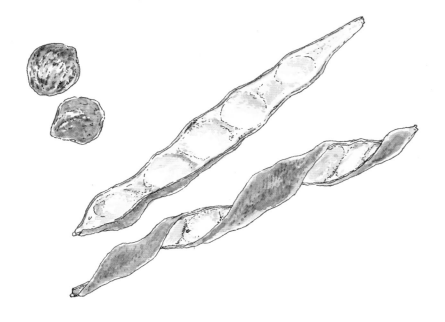

등나무

봄에 피는 작은 풀꽃들은 열매도, 씨앗도 일찍 만들어 떠나보낸다.
산괴불주머니가 대표적이다.
산괴불주머니 줄기를 꺾으면 노란 액체가 나온다.
냄새가 강하다. 애기똥풀과 비슷한데 더 쓴 내가 난다.
마치 담배잎을 딸 때 나는 냄새와 비슷하다.
시골에선 '멜라초'라고 부른다. 독이 있어 우려서 무쳐 먹는데
맛이 쌉싸래하고 먹으면 졸리다.
그래서 '면래초',
잠이 오는 풀이라고 부르다가 멜라초가 된 것 같다.

5. 6.

꽃 뒷부분이
튀어나와 있다.
곤충을 유인하는 전략 같다.

꼬투리를 누르니
까만 씨앗이 나온다.
약 1mm 크기다.

산괴불주머니

개나리 꽃은 알아도 열매를 보았다는 사람은 별로 없다.

꽃처럼 화려하지도 않거니와 여느 열매들보다 찾기 힘들기 때문이다.

개나리는 꽃이 두 가지다.

암술이 긴 장주화와 암술이 짧은 단주화가 각각 다른 나무에서 핀다.

이 둘이 마치 암수 역할을 해서 열매를 만드는데

주변에 한 종류만 있으면 열매를 맺지 못한다.

관상용으로 널리 심는 개나리는 꺾꽂이로도

얼마든지 번식이 가능해서 굳이 두 종류를 갖춰 심지 않는다.

그래서 열매를 보기 힘들어진 것이다.

개나리 열매를 일본에서는 연교(連翹)라고 한다.

그동안 한자 뜻이 '제비 연'과 '뾰족할 교'인 줄 알고

"그래서 제비 주둥이를 닮았어요" 하며 다녔는데

최근에 사전을 찾아보니 아니었다. '이을 연'에 '깃털 교'다.

깃털 모양의 뾰족한 열매 두 개가 붙어 있어서

그런 이름이 붙었다고 한다. 어쨌든 낭패다. 불확실성이 큰 자연을 배우고

가르치다 보면 나도 이런 실수를 종종 한다.

6. 27. 남산

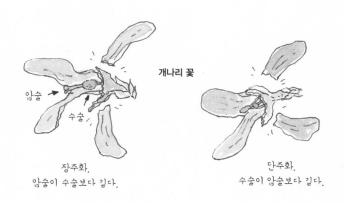

개나리 꽃

암술

수술

장주화.
암술이 수술보다 길다.

단주화.
수술이 암술보다 길다.

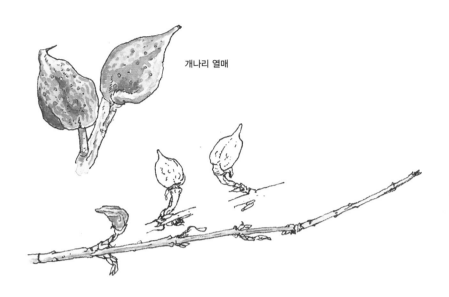

개나리 열매

개나리 씨앗

가을에 열매가 여물면
저절로 깍지가 벌어져
씨앗을 떠나보낸다.

12. 26.

개나리

개나리(4.4)

가만 보니 라일락* 열매도 개나리 열매와 비슷하다.

둘 다 물푸레나무과에 속하고 잎이 마주나는 종이어서 그런가?

자연의 세계가 넓고 다양하지만

꽃향기가 비슷하거나 생김새가 닮은 꽃과 열매도 꽤 있다.

지구상의 인간들도 유전자가 같을 확률은 거의 없지만

비슷한 얼굴을 가진 사람을 만난 확률은 꽤 높지 않은가!

7. 10.

라일락(4.27)

* 한국 토착종은 '수수꽃다리'라고 부르지만 우리가 주변에서 흔히 보는 것은 외국에서 들여와 심은 라일락이다. 이름을 순화하기 위해 '서양수수꽃다리'라고도 부르고, 요즘은 토착종을 개량한 것도 많이 심어 구분하기가 점점 어려워지고 있다.

꽃이 시들고 있다.

암술머리가
아직 달려 있다.

꽤 자랐다.

작게 생겨나고
있는 열매

작년에 생긴 열매 깍지.
씨앗이 다 날아가고
껍질만 남은 모습이다.

라일락

안에
열매가 있다.

열매를 만들지
못하고 시든 꽃도 있다.

수분을 마치고
열매가 만들어지면
꽃은 시든다.
자기 할 일을
마쳤기 때문이다.

길쭉한 열매가
만들어졌다.

학교 관리사 분들이 예초기로 화단을 정리하고 계셨다.
잘려진 비비추 줄기를 가져와서 그렸다.

9. 6. 청강대학교

비비추 열매. 검은색 씨앗이 네 개 나왔다.
아직도 씨앗 주머니 안에 익지 않은 씨앗이 많이 들어 있다.
다 익으면 날개 비늘을 단 씨앗들이
바람을 타고 멀리 이동할 것이다.

12. 3. 작업실 근처

비비추

우리 주변에서 볼 수 있는 많은 열매와 씨앗들 중에
내가 아는 한 제일 신기하게 생긴 녀석이다.
날개 같은 열매에 씨앗이 방울방울 붙어서 익어간다. 잎은 따로 있다.
하지만 이 날개 열매에도 잎맥 같은 것이 있는 걸 보면,
잎이 변해서 열매 역할을 하게 된 것이 아닐까 싶다.

12. 16. 작업실 근처에서

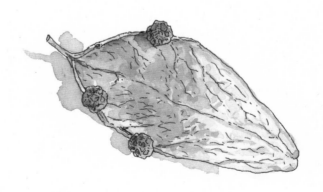

땅에 떨어져도
계속해서 바람을 타고
움직일 수 있는 구조다.

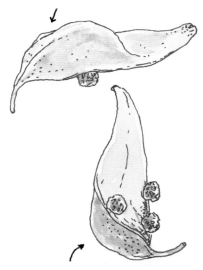

열매가 돛단배 같다.
아마도 바람을 잘 타라고 이렇게 생겼겠지?
그래서인지 나무로부터
100m 떨어진 곳에서도
발견되었다.

벽오동

벽오동(2.26)

지난주에 홍릉수목원에 갔다가
테니스장 그물을 타고 올라가는 박주가리 열매들 중에서
곧 터질 것 같은 것을 하나 따왔다.
언제부턴가 이 껍질 안에 성냥개비처럼 들어찬 씨앗들이
과연 몇 개나 되는지 알고 싶었다.
박주가리 씨앗은 우산처럼 깃털을 펼쳐 이동한다.
열매가 무르익어 터지면 살랑살랑 불어오는 실바람에
하나둘 집을 빠져나와 허공에 몸을 날린다.
씨앗은 한없이 가벼워 장애물에 걸리지만 않는다면
멀리멀리 갈 수 있다.

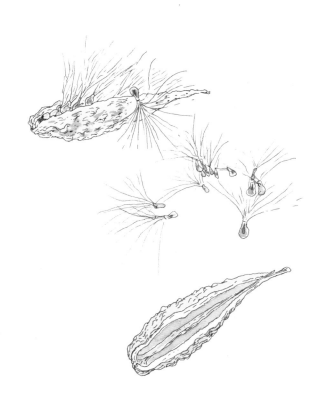

집에서 열매가 터졌다.

부랴부랴 안에 있는 씨앗을 꺼내 세어보니 210개가 넘는다.

풀려난 씨앗들이 방안을 마구 날아다닌다.

한 손에 쓸어 잡으니 제법 두툼하다.

이렇게나 많은 씨앗을 저 안에 다 담아두고 있었다니……

씨앗을 빼낸 열매 깍지 안에는 길쭉한 칸막이가 있다.

칸막이는 왜 있을까?

나중에 열매가 익기 전에 다시 관찰해봐야겠다.

1. 26.

박주가리

목화는 인류에게 보드라운 면 옷을 선물했다.

세상에 고맙지 않은 식물이 어디 있겠냐마는

식용도 아닌 이 농작물에게는 고맙다는 말이 절로 나온다.

그 옛날에 따뜻한 목화솜이 없었더라면 사람들은 어떻게 겨울을 났을까?

요즘 우리가 즐겨 입는 티셔츠나 청바지도

대부분 목화의 솜, 면으로 만든 것들이다.

고마운 열매와 씨앗을 언젠가는 그려봐야지 했는데,

며칠 전 낙안읍성에 갔다가 채취해서 그릴 수 있게 되었다.

2. 27.

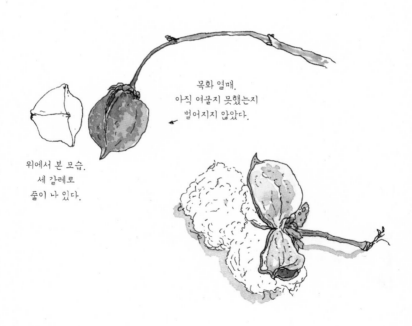

목화 열매.
아직 여물지 못했는지
벌어지지 않았다.

위에서 본 모습.
세 갈래로
줄이 나 있다.

244

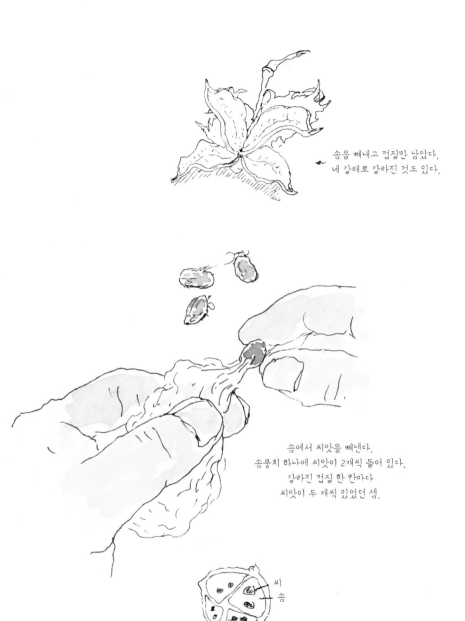

솜을 빼내고 껍질만 남았다.
네 갈래로 갈라진 것도 있다.

솜에서 씨앗을 빼낸다.
솜뭉치 하나에 씨앗이 2개씩 들어 있다.
갈라진 껍질 한 칸마다
씨앗이 두 개씩 있었던 셈.

씨
솜

목화

우리나라 꽃 무궁화는 단군시대부터 이 땅에 살았다고 한다.
한때 태극기를 게양하는 국기봉 상단 장식이
꽃봉오리냐 열매냐를 놓고 의견이 분분했다(조사해보니 꽃봉오리라고 한다).
그러고 보니 무궁화는 꽃봉오리와 열매가 매우 비슷하게 생겼다.
'피고 지고 또 피는' 끈기와 함께 시작과 마무리가 같은 식물이라는
자의적 해석이 나올 법도 하다.
무궁화는 목화와 같은 아욱과 식물로 열매 생김새와 특성이 비슷하다.
여름에 꽃이 피고 가을에 열매가 익으면 저절로 벌어져서
그 안에 있던 솜털 달린 씨앗을 날려 보낸다.
솜털이 더 많아진 것이 목화라고 봐도 되겠다.

8. 26.

색깔이 약간
연두색이다.

무궁화 꽃봉오리

꽃색이 나오고 있다.

무궁화 열매

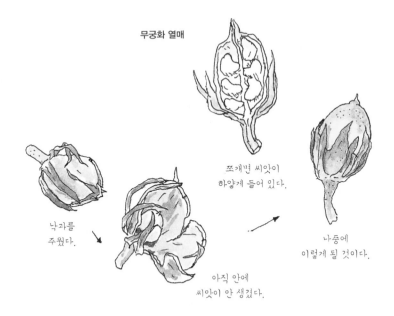

쪼개면 씨앗이
하얗게 들어 있다.

낙과를
주웠다.

아직 안에
씨앗이 안 생겼다.

나중에
이렇게 될 것이다.

무궁화 씨앗

안에 씨앗도
들어 있다.

작년에 만들어진
열매가 아직 붙어 있다.

무궁화

무궁화(4.27)

며칠 전 아침에 자고 일어나니 아버지가 이 녀석들을 들고 오셨다.
시골집에 가면 나무와 꽃 그리는 일에 빠져 지내는 나에게 보여주려고
일부러 냇가에서 꺾어 오신 게 분명한데도 아무런 말씀 없이
티비 위에 올려놓고 나가셨다. 서울 가는 차 시간을 얼마 안 남겨두고
아무래도 그려야 할 것 같아 노트를 펼쳤다.
아버지는 이걸 꺾으면서 무슨 생각을 하셨을까?
기뻐하는 내 모습을 상상하셨을까?
내가 너무 무덤덤하게 반응해서 서운하진 않으셨을까?
"부들이네요. 어디서 꺾으셨어요?" 정도는 말을 붙여볼 걸,
이렇게 그림 그리는 모습이라도 보시게 하면 좋았을 걸, 하고
생각하는 순간에 일 나갔던 아버지가 깜박 잊은 것이 있다며 돌아오셨다.
다행히 내 모습을 보셨다. 역시 아무 말씀도 없으셨다.
하지만 그것만으로도 나는 마음이 조금 풀린다.
앞으로는 조금씩 더 아버지 마음을 헤아려보려고 노력해야겠다.

8. 5. 시골집에서

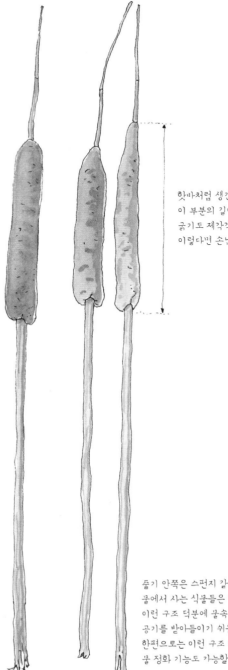

핫바처럼 생긴 부들의 열매.
이 부분의 길이가 제각각이다.
굵기도 제각각. 아마 핫바가
이렇다면 손님이 뚝 끊길 것이다.

줄기 안쪽은 스펀지 같은 재질이다.
물에서 사는 식물들은 대개 이랬던 것 같다.
이런 구조 덕분에 물속에 살면서도
공기를 받아들이기 쉬울 것이다.
한편으로는 이런 구조 때문에 수생식물의
물 정화 기능도 가능할 것이다.

부들

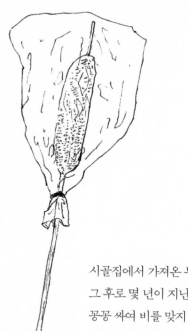

시골집에서 가져온 부들을 비닐에 싸두었다.
그 후로 몇 년이 지난 듯한데,
꽁꽁 싸여 비를 맞지 않아서인지
냉동 핫바처럼 그 모습 그대로 있다.
꺼내서 손으로 눌러보니
곧바로 퍽하고 터지면서 부푼다.

솜털 달린 씨앗 하나하나가 뭉쳐서
소시지 모양을 만들고 있다가 터지면서 바람에 날아간다.
대부분 열매는 솜털이 바깥쪽에 있고
씨앗이 안쪽에 있는데 부들은 씨앗이 바깥쪽에 있다.
양버즘나무 씨앗도 같은 구조였다.

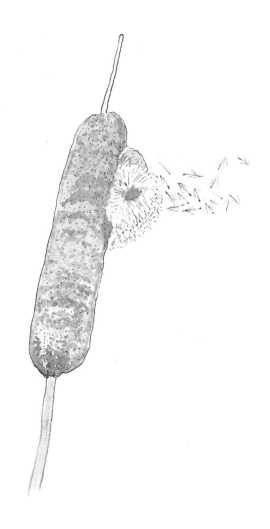

부들

양버즘나무 열매다.

잎이 넓어서 서양에서는

플라타너스라고 하고('넓다'는 뜻의 그리스어 플라티스에서 유래했다),

우리는 나무껍질에 버짐이 핀 것 같다고 해서 양버즘나무라고 부른다.

북한에서는 이 열매 모양 때문에 방울나무라고 하며,

일본에서도 같은 뜻의 스즈카케노키라고 부른다.

같은 나무인데도 보는 눈이 다르니 이름 뜻이 달라진다.

12. 10.

자세히 보면
이렇게 씨앗들이 붙어 있다.

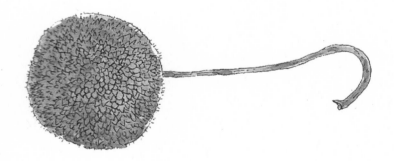

비를 맞았다가 말랐다가를 반복하며
잘 건조되면 드디어 부풀어 오른다.

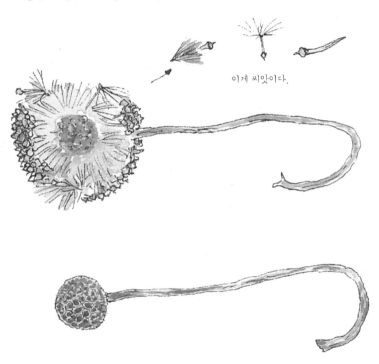

이게 씨앗이다.

솜털 달린 씨앗이 모두 날아가면
이렇게 단단한 구슬 같은 것만 남는다.
마치 야구공의 구조와 비슷하다.

양버즘나무

'한국의 바나나'로 불리는 으름은 열매도 작고
씨 때문에 먹잘 게 없지만 과육은 바나나보다 더 달다.
어릴 때 자연이 준 수많은 간식 중에 맛으로 으뜸인 것은 으름이었다.
다래도 단맛이 좋지만 으름을 발견하고 난 흥분에 비할 바는 아니었다.
으름은 생김새부터 시골 아이들을 흥분시키는 묘한 매력이 있었다.
으름 씨앗에서 흰 부분이 젤리 상태의 지방 덩어리
'엘라이오솜'이라고 말하는 사람이 있던데,
덩어리도 크고 잘 떼어지지 않는 것으로 봐서 아닌 것 같다.
엘라이오솜 성분으로 개미를 유인해 씨앗이 옮겨지기를 바라는 것은,
제비꽃이나 애기똥풀 같은 대개는 작은 풀들이 쓰는 전략이다.
으름은 그래도 나무니까 개미 신세를 지려 하지는 않을 것 같다.

9. 30. 시골집에서

씨앗에
흰 부분이 있다.

열매 하나에 든
씨앗을 세어보니
146개다. 많다.

과육이 육각형 형태로
씨앗을 감싸고 있다.
바나나와 비슷하다.

과육 안에 씨앗이 가득하다.
씨앗을 빼고 나면 먹잘 것도 없다.

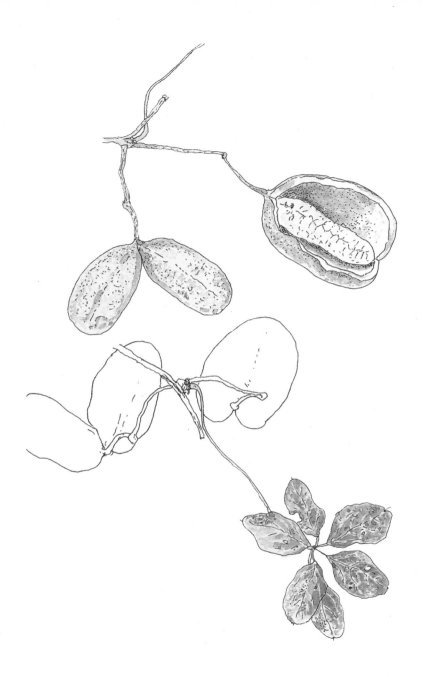

으름

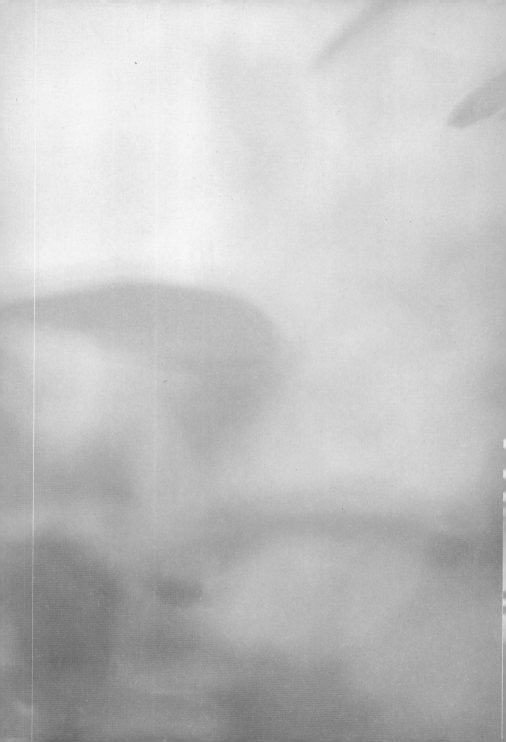

으름 꽃(5.14)

10월 초에 남이섬에 수업 갔다가
누군가 잘라놓은 것을 주워왔다.
일본목련 열매는 항상 씨앗이 사라진 것만 보았는데
씨앗이 남은 채로 만나니 더욱 반갑다.
집에 가져올 때와 색깔이 조금 달라졌지만
여전히 씨앗은 붉고 잎은 연보라빛을 띠고 있다.
일본목련은 이름에 '일본'이 붙은 것 빼고는 다 좋다.
넓은 잎도, 향긋한 꽃향기도, 다 마른 잎마저도 멋스럽다.

살다보면 우리가 너무 이름에만 연연해하며
살지 않는가 싶을 때가 있다.
허울뿐인 명함이나 자리로 사람을 판단하려 드는
인간사의 세속성도 그렇지만, 자연을 관찰하는 분들도 숲에 가서
"이건 이름이 뭐예요?" 묻고는
금세 관찰에 흥미를 잃어버리는 경우를 종종 본다.
이름만 알면 다 안다고 느끼는 것은 왜일까?
자연관찰에서 이름은 그리 중요하지 않다.
우리가 부르는 생물의 이름이라는 것도 결국은
과학적으로 쉽게 분류하고자 인간이 만든 학명에 지나지 않는다.
이름이 달라져도 변하지 않을 존재의 본질에
눈을 맞추는 습관을 들이자.

10. 28.

일본목련

태화산 오르는 길에 다 익은 목련 열매가 떨어져 있었다.
새들이 저 안의 빨간 씨앗을 먹고
이곳저곳을 날아다니다 배설해 번식시킨다.
숲속을 거닐다가 뜬금없는 곳에서
목련이나 일본목련을 한 그루씩 마주칠 때가 있는데,
그런 게 바로 새가 심은 나무들이다.

10. 10. 태화산에서

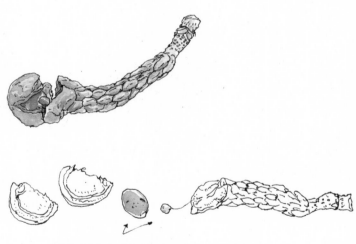

목련 씨앗은 큰 것과 작은 것 두 개가 합체한 형태다.
쌀에 쌀눈이 붙어 있듯 목련 씨앗도 그런 것일까?
작은 씨앗에는 실이 달려 있다.
그렇다면 실을 만들어내는 장치일까?

목련

남이섬에서 가지째 부러져 있는 것을 주웠다.

팻말에 자목련이라고 적혀 있었다. 잎이 생각보다 작다.

목련 씨앗들은 다 빨간가? 자목련 씨앗도 빨갛다.

빨강은 새를 부르는 색이다.

씨앗 끝에서 실 같은 것이 나오는 이유가

열매를 대롱대롱 매달려 있게 함일까?

빨리 떨어지지 않고 공중에 오래 머물러 새에게 먹힐 시간을 벌라고?

아니면 바람에 흔들려 곤충처럼 보이려는 의도일까?

10. 2. 남이섬

266

자목련

암수딴그루로 자라는 은행나무는 수꽃이 암꽃보다 먼저 핀다.
수꽃이 피고 잎이 좀 더 자라야 암꽃이 나오는데,
꽃이 워낙 작고 형태도 단순해서 알고 즐기는 이가 별로 없다.
자세히 보면 암꽃은 꼭 망치 모양으로 생겼다.
양쪽에 수꽃가루가 묻으면 두 개의 알맹이를 갖게 되지만
한 쪽만 수분되는 경우가 많다.
그게 바로 우리가 흔히 보는 은행 열매다.

6. 19.

암꽃

수꽃

시중에서 파는
깨끗한 은행.
이게 은행나무 씨앗이다.

작년에 떨어진 열매.
건포도같이
쭈글쭈글 말랐다.

떨어진 상태로 자연스럽게
껍질이 까졌다.

은행 낙과

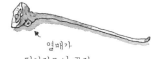

열매가
떨어지고 난 꼭지.
옆에 수분되지 않은
암꽃 자리가
보인다.

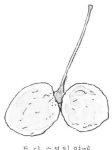

둘 다 수분된 열매

수분되지 않은
암꽃 자리

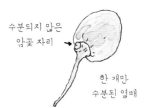

한 개만
수분된 열매

은행나무

시골집에 갔다가
개골창 옆에서 자라고 있는 은행 새싹을 보았다.
근처에 은행나무도 없는데 쥐가 씨앗을 물어다 숨겼을까?
싹을 뽑아 그림만 그리고 얼른 다시 심었다.
은행이 이렇게 싹을 틔운 모습은 처음 보았다.

은행나무를 은행나무라고 부른 지는 오래 되지 않았다고 한다.
그 전에는 잎 모양이 오리발처럼 생겨서 압각수(鴨脚樹)라고 부르거나,
나무를 심고 할아버지가 되어 손자를 볼 때쯤에야
열매를 볼 수 있다고 해서 공손수(公孫樹)라고 불렀다.
막 싹이 돋은 잎은 갈라져서 더 오리발처럼 보인다.
나무에 따라서는 꽃이 피거나 열매가 열리는 데
시간이 많이 걸리는 것들이 있다.
그 기간을 유형기(幼形期)라고 하며
소나무는 5년, 참나무는 20년 정도이다.
우리도 유아기와 청소년기를 지나서 성인이 되듯이
나무도 그러하다.

9. 10.

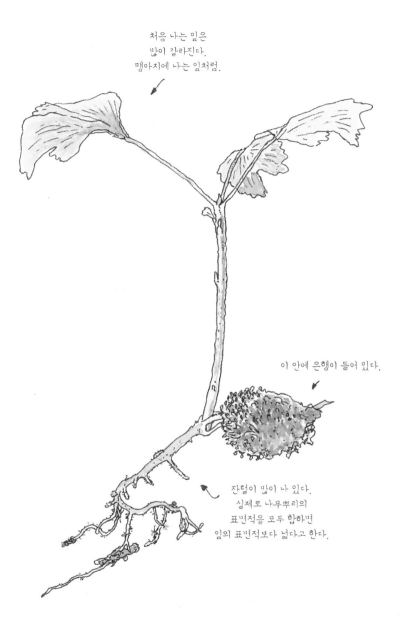

처음 나는 잎은
많이 갈라진다.
맹아지에 나는 잎처럼.

이 안에 은행이 들어 있다.

잔털이 많이 나 있다.
실제로 나무뿌리의
표면적을 모두 합하면
잎의 표면적보다 넓다고 한다.

은행나무

은행나무(11.8)

우리가 먹는 호두는 열매가 아니라 씨앗이다.
열매는 여름에 동그란 초록색으로 열린다.
과육이 두툼하게 찬 껍질을 까면
그 안에 단단한 호두알이 들어 있다.
가래나무 열매도 이와 비슷하다.

천안 특산품인 호두는 중국이 원산지이며 고려시대 때 류청신이라는
역관이 가져와서 천안 광덕사에 처음 심었다고 알려져 있다.
광덕사에 가보니 400세를 넘긴 호두나무가
우람하게 서 있는데 그 옛날 류청신이 가져온 것은 죽고
이후에 새로 자란 것이라고 한다. 하지만 백제고분군에서
2000년 이상 된 호두 흔적이 출토된 기록이 있으므로
호두나무는 이미 그 전에 우리 땅에 있었다고 보는 게 옳다.
원산지를 추적하자면 중국도 아니다.
한나라 때인 기원전 128년, 장건이 실크로드를 통해
지금의 이란 지역에서 석류와 호두를 들여왔다는 기록이 있다.
예전에 우리가 호두를 '오랑캐 호' 자에 '복숭아 도' 자를 따서
호도라고 불렀던 것도 중국인들이
이란에서 가져와 부른 이름을 그대로 썼을 가능성이 높다.
사실 호두의 최초 원산지가 어디인지가 뭐 그리 중요한 문제인가.
그보다는 오늘날 천안 사람들이 전국 어디에나 있는 호두나무를
지방특산품으로 지정해 더 아끼고 가꾸어나가는 마음이 소중하다.

호두나무 열매와 씨앗

(X)　(O)

호두가 열매 안에 어떤 모습으로 들어 있을까 궁금해서 잘라보았다.
자르자마자 알겠다. 호두 씨앗의 끝부분이 열매의 끝부분이기도 하다.
생각해보니 대부분의 씨앗이 그런 것 같다.

7. 15. 시골집

호두나무

작년에 떨어진 것이다.
과육은 벗겨지고 씨앗만 남은 것을 주웠다.
용케도 청서가 안 가져갔다!

가래나무 씨앗

가래나무 열매

씨앗 옆에 올해 생긴 열매가 떨어져 있다.
언제나 낙과는 있는 법이니까.
더 두리번거렸지만 하나밖에 발견하지 못했다.
향이 좋다. 가래나무 잎에서도, 호두나무 잎과 열매에서도
같은 향이 난다. 주글론 성분이 만들어내는 향일까?

7. 3.

가래나무

석류나무가 남쪽에만 있다고 생각했는데 서울에도 있었다.
바로 우리 집 근처 다른 사람 집 담장 안에 자라고 있다.
바닥에 익지 않은 열매가 여러 개 떨어져 있는데
대부분 자동차에 밟혀 뭉개져버렸다. 성한 놈을 골라와서 그렸다.

7. 28.

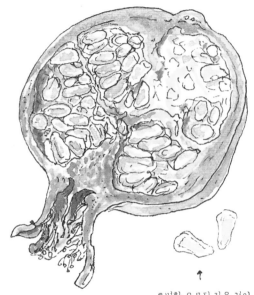

반으로 나눠 보니
씨앗이 벌써 생겼다.
씨앗이 많아서
예부터 석류 그림은
다산과 풍요를
상징했다.

↑
투명한 우무질 같은 것이
씨앗을 감싸고 있다.
나중에 이 부분이 붉어지면서
먹을 수 있게 될 거다.

석류나무

7월 말에 통영에 여행 갔다가
익지 않은 동백 열매를 하나 따왔다.
집에 갖다놓고 잊고 있었는데
오늘 갈라지면서 씨앗이 나왔다.

8. 6.

제주도 위미 동백나무 군락지에서
보고 그린 열매 껍질
1. 8.

며칠 지나자 더 많이 벌어졌다.
씨앗도 두 개나 빠져나왔다.
다 익지 않고 떨어진 열매도
시간이 흐르면서 저절로 익어가는 시스템인가 보다.
이 씨앗을 마당에 심어도 동백나무가 자랄까?

8. 10.

동백나무

칠엽수를 '말밤나무'라고도 부르는 이유가 이 열매에 있다.
말이 좋아한다고도 하며, 말의 건강이 좋지 않을 때
이 열매에 들어 있는 타닌 성분이 치료제로 쓰인다고도 한다.
익으면 정말 밤처럼 탐스럽게 생겨서
사람들이 밤인 줄 알고 먹었다가 탈나는 경우가 종종 있다.

8. 20.

철철이 변화하는 자연은 저마다 진면목을 보여주는 때가 있다.
그런 때를 놓치지 않고 관찰과 기록을 해나가다 보면
자연을 한층 깊이 있게 이해하게 된다. 기억하라.
여름휴가가 끝난 8월 말은 칠엽수 열매가 떨어지는 계절이다.

열매 껍질이 세 쪽으로 갈라진다.
단단한 껍질에 그림을 그리거나,
이대로 퍼즐 맞추기를 해도 재밌겠다.

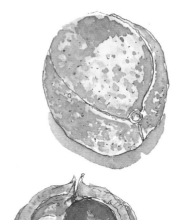

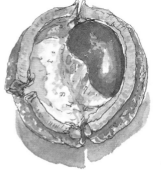

보통은 씨앗이
1개 들어 있는데
이건 2개다.

칠엽수

동료 만화가들과 홍릉수목원에 갔다가
지퍼백에 담아온 칠엽수 열매를
그대로 베란다에 두었더니 싹이 돋아났다.
땅에서 바로 주운 것들이라 축축하고
겉껍질도 붙어 있어 발아하기 좋은 조건이었나 보다.

12. 15.

칠엽수 씨앗에서 싹이 나는 과정

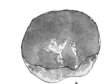

이 부분, 씨앗에 얼굴을 그린다면
코로 삼을 부분에서 새싹이 나온다.

대부분은 새싹이 나오기 전에
뿌리가 먼저 나온다.
뿌리가 먼저 물과 양분을 흡수하고
있어야 하기 때문이다.

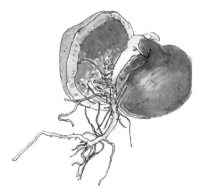

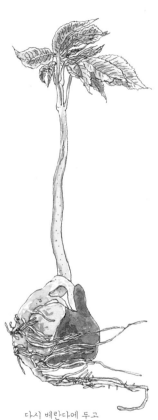

뿌리가 자라면서 열매 껍질이 쪼개졌다.
껍질 안쪽에 뿌리가 달라붙어 있다.
마치 그곳을 흙이라고 생각하는 것 같다.
생각해보면 그 부분에 스펀지처럼
물이 저장되어 있고 질감도 흙과 비슷하다.
어쩌면 그 목적에 껍질이
이렇게 생겼을 수도 있다.

다시 베란다에 두고
까맣게 잊고 살다가
물건을 가지러 가며
발견하고는 깜짝 놀랐다.
너 언제 이렇게 컸니?
모든 씨앗이 이렇게 되겠지.
그렇게 나무가 되는 거겠지.
1. 27.

설날 시골집 뒷산에 있는 절에 갔다.
일주문을 막 넘어서면 무환자나무가 있다는 것을 안다.
눈 위에 떨어진 열매들을 주웠다.
하나를 까보니 까맣게 잘 익은 씨앗이 나온다.
이 씨앗은 여러모로 몸에 좋다고 알려져 있다.
그래서 환자가 생기지 않는다는 뜻에서
'무환자'라고 불렀다는 얘기도 돌아다닌다.
스님께서는 이미 방안에 씨앗들을 모아놓고 염주를 만들고 계셨다.
스님은 무환자 씨앗을 '금강주'라 부르신다.
아마도 염주를 만들 만큼 단단해서 그리 부르는 것 같다.

2. 10.

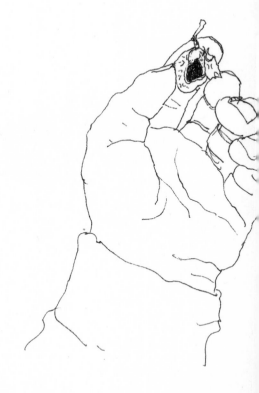

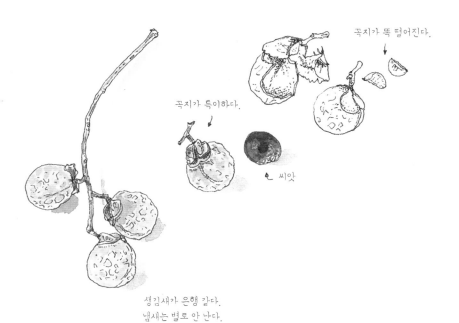

꼭지가 똑 떨어진다.

꼭지가 특이하다.

씨앗

생김새가 은행 같다.
냄새는 별로 안 난다.

무환자나무

모감주나무는 무환자나무과에 속한다.

그 이름도 무환자나무의 옛 이름 '모관쥬나모'에서 유래했다.

무환자나무와 헷갈려서 모관주라고 부르다가 모감주가 되었다는 얘기다.

옛날 사람들은 식물분류학에 능통하지 않았으니

오랫동안 잘못 불러온 식물명이 꽤 많을 것이다.

모감주나무는 7월에 노란 꽃이 흐드러지게 피는데

바람이 불면 꽃잎이 우수수 떨어져 마치 금비가 오듯 하다.

그래서 영어로는 '골드레인 트리'라고 한다.

꽈리같이 생긴 열매가 특이하고

그 안에 있는 까만 씨로는 염주를 만든다.

이 나무도 절에 심어 보리수라 불렀다.

열매는 익으면 세 조각으로 갈라진다.

각 조각마다 까만 씨앗이 한 개씩 달려 있다.

그런데 자세히 보면 잘 익은 씨앗 옆에 씨앗이 되지 못하고

말라붙은 흔적이 보인다.

한 조각에서 두 개씩 자리 잡았던 씨앗 중에

한 개만 수정이 되는가 보다.

물론 가끔은 두 개 모두 수정된 경우도 있다.

은행나무 열매도 그랬다.

씨앗이 한 개씩 달린 조각들은

두 개 달린 조각보다 바람을 잘 탈 것이다.

아니면 물에 빠져도 잘 떠다닐 수 있도록 설계되었는지 모른다.

모감주나무는 바닷가에 많이 자란다.

원산지가 중국이라고 하니 아마도 물에 떠내려 왔을 가능성이 높다.

8. 10. 남산에서

290

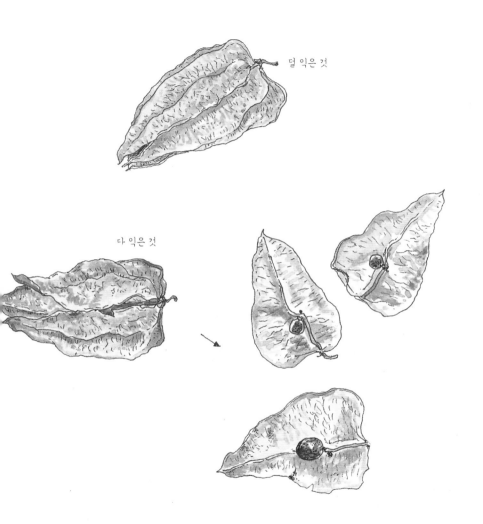

덜 익은 것

다 익은 것

모감주나무

모감주나무(8.2)

개암나무는 내가 인터넷 아이디로 사용하고 있을 정도로
좋아하는 나무다.
익으면 맛이 아주 고소한 열매가 날개 같은 총포에 감싸여 자란다.
'개암'이라는 단어는 어릴 때 동화책에서 처음 접했다.
개암 깨무는 소리에 도깨비가 놀랐네, 도적들이 도망을 갔네, 하는
이야기를 읽으면서 그렇게 큰 소리가 나는 것을
어떻게 주머니에 넣고 다니는지,
가난한 사람이 그런 신비한 열매는 어디서 났는지
궁금해서 견딜 수가 없었다. 서른이 다 되어서야
그 개암이 내가 어릴 적 그토록 좋아했던
'깨금나무' 열매라는 사실을 알고 충격이 적지 않았다.
내가 아는 것과 모르는 것의 차이는 뭘까?
나는 안다고 생각하지만 제대로 알지 못하고 있을 수도 있고,
이미 알고 있으면서 모른다고 느낄 수도 있고.
세상의 지식이란 다 그런 것이 아닐까?
나중에 놀랄 일이 하나 더 생겼다.
이 개암나무 열매가 한때 고급커피 향으로 이름을 날린
'헤이즐넛'이라는 사실이다.

9. 11. 시골집에서

작년에 떨어진 열매.
다 자란 모습이다.

개암나무

산딸나무는 이름처럼 꽃도 열매도 예쁘다.

열매는 5~7각형의 작은 조각들이 퍼즐처럼 연결되어

공 모양을 이루는데, 자세히 보면 육각형 조각이 제일 많다.

벌집이 육각형들로 이루어진 것과 같은 이치일 것이다.

봄에 꽃을 잘 보았다면 열매가 이렇게 생긴 것에 수긍하게 된다.

하지만 꽃잎 같은 화려한 꽃받침에 현혹되어

산딸나무 진짜 꽃을 보지 못하는 사람이 의외로 많다.

9. 20.

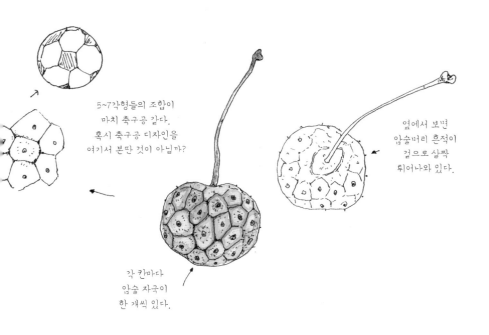

5~7각형들의 조합이
마치 축구공 같다.
혹시 축구공 디자인을
여기서 본딴 것이 아닐까?

옆에서 보면
암술머리 흔적이
겉으로 살짝
튀어나와 있다.

각 칸마다
암술 자국이
한 개씩 있다.

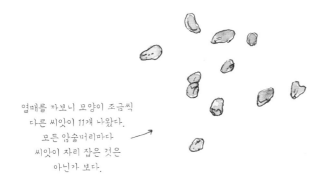

열매를 까보니 모양이 조금씩
다른 씨앗이 11개 나왔다.
모든 암술머리마다
씨앗이 자리 잡은 것은
아닌가 보다.

산딸나무

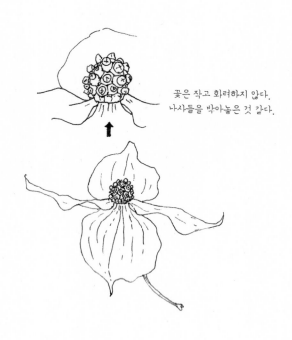

꽃은 작고 화려하지 않다.
나사들을 박아놓은 것 같다.

그리기 팁

다시 강조하지만 그림은 곧 관찰이다.
눈으로만 보고는 미처 알아채지 못했던 사실들을
그림을 그리면서 낱낱이 알게 된다.
그림은 내 머리와 가슴을 통과하지 않고는
단 한 점도 허용하지 않기 때문이다.

흔히 꽃잎으로 오해하는 하얗고 커다란 꽃받침.
옆의 잎과 비교하면 잎맥 모양이 비슷하다.
아마도 잎이 변해서 꽃받침이 된 듯하다.

5. 25.

산딸나무

산딸나무 열매(10.2)

사철나무 열매와 씨앗.

다 익어서 저절로 벌어졌다.

사시사철 푸르러 사철나무라지만 열매는 붉디붉다.

12. 15.

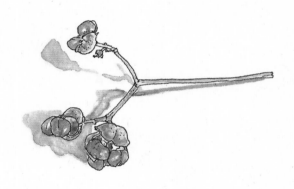

붉은색 껍질로
씨앗을 얇게 감싸고 있다.
왜지? 새에게 잘 보이기 위한
포장지일까?

사철나무

사철나무만큼이나 흔한 회양목.

이른 봄에 꽃도 일찍 피우더니 열매도 금세 만들었다.

열매는 뿔난 도깨비 같은 모양이다.

6. 26. 남산

열매가 익어간다.
이미 세 갈래로
쪼개진 것도 있다.

8. 1. 남산

한 쪽에 2개의
씨앗이 들어 있다.

껍질이
까만 씨앗을
싸고 있다.

회양목

강릉에 수업이 있어 갔다가 오대산에 들렀다.

바람이 엄청나게 부는 날이라 주변에 전나무 가지들이 부러져서
마구 흩어져 있었다. 전나무 열매는 익자마자 인편들이 떨어져나가고
씨앗도 바로 날아가 버리기 때문에 온전한 형태를 보기 어렵다.

하지만 이 날은 전나무 열매의 전모를
한자리에 모아서 구경한 기분이랄까?

인편이 되어 하나씩 흩어져버리기 전의 온전한 열매도 보고,
씨앗이 다 날아간 후 열매 축만 촛대처럼 남은 재미난 모습도 보았다.

12. 17.

전나무

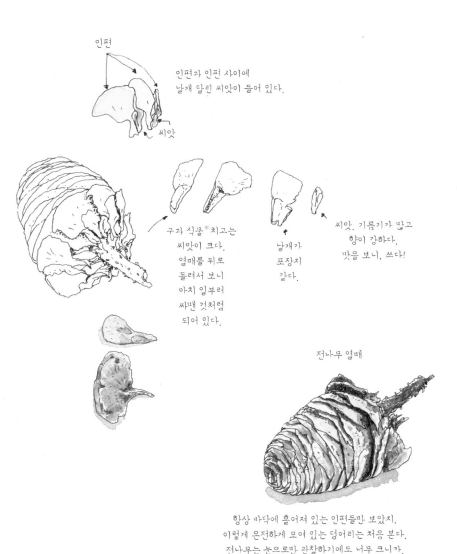

인편

인편과 인편 사이에
날개 달린 씨앗이 들어 있다.

씨앗

구과 식물*치고는
씨앗이 크다.
열매를 뒤로
돌려서 보니
마치 일부러
싸맨 것처럼
되어 있다.

날개가
포장지
같다.

씨앗. 기름기가 많고
향이 강하다.
맛을 보니, 쓰다!

전나무 열매

항상 바닥에 흩어져 있는 인편들만 보았지,
이렇게 온전하게 모여 있는 덩어리는 처음 본다.
전나무는 눈으로만 관찰하기에도 너무 크니까.

＊ 인편 또는 포엽이 무리지어 이룬 둥근 열매(구과) 안에서 씨와 꽃가루를 만들어내는 식물을 말한다.
우리가 아는 대부분의 침엽수를 포함한다.

제 4 부

기 타

모든 생은 저마다의
흔적을 남긴다.

나무 밑에서 주울 수 있는 것이 잎과 열매만은 아니다.

대학 교정을 거닐다가 간밤 비에 떨어진 튤립나무 가지를 주웠다.

운 좋게도 꽃이 달려 있었다.

꽃은 이미 암술머리가 수분된 상태다.

올해 맺힌 열매(막 열매로 변해가는 모습)와

지난해 열매를 한 가지에서 보는 재미가 있다.

5. 14. 이화여대 교정에서

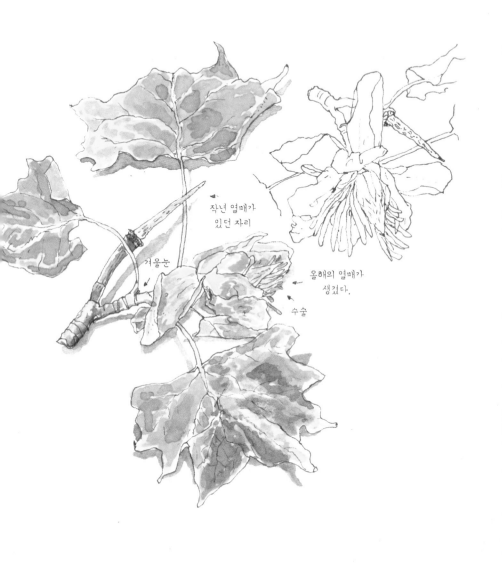

작년 열매가
있던 자리

거울눈

올해의 열매가
생겼다.

수술

튤립나무

목백합 또는 백합나무라고도 부르는 튤립나무는
꽃이 정말 튤립을 닮았다.
잎도 열매도 조금씩 비슷하지만 꽃이 가장 닮았다.
그러다 보면 또 '목련과가 정말 맞구나' 싶다.
겹쳐진 꽃잎 모양이며 암술과 수술 생김이 목련과 비슷하다.
꽃잎 여섯 장에 안팎으로 난 주황색 무늬는 왜 있을까?
노란색과 녹색을 띤 꽃잎을 곤충들이 잎과 구분하지 못할까봐
친절하게 주황색 안내판을 달아준 걸까?

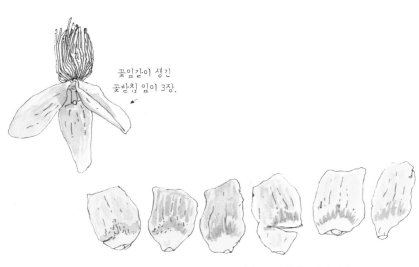

꽃잎같이 생긴
꽃받침 잎이 3장.

꽃잎 6장에는 안팎으로 주황색 무늬가 있다.

수분이 된 상태.
수술이 암술에 단단히 붙어 있다.
이 부분이 열매가 될 것이다.

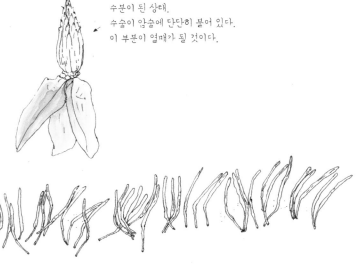

수술을 다 떼어서 세어보니 36개다. 노란 꽃가루가 잔뜩 떨어진다.

튤립나무

석류는 여름을 상징한다.

석류꽃이 피는 것을 보면 여름이 왔구나 싶다.

꽃을 보면서 붉은 씨앗이 알알이 박힌

석류 열매의 달콤새콤한 맛을 상상하는 기분도 좋다.

호두나무와 함께 실크로드를 타고 이란에서 중국을 지나

한반도까지 왔다는 석류나무.

당시 실크로드가 경주까지 이어졌으니

진주에 들어와 널리 퍼져 자란 것도 자연스러운 일일 것이다.

6. 11. 진주에서

꽃잎
수술

꽃봉오리가
참외같이 생겼다.

씨방이 도톰해지고 있다.
곧 더 둥그렇게 커질 것이다.

꽃잎이 졌다.

꽃이
나오고 있다.

꽃잎이 나왔다.
정열적인 색이다.

잘라보니
자방이 만들어져 있고
씨앗이 생기려고 한다.

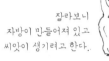

쪼개보니 암술이 하나 있고 수술이 가득하다.
그러면 그 수많은 열매들은 어떻게 만들어지는 거지?
아, 우리가 먹는 석류알은 열매가 아니라 씨앗이지?
씨앗은 많을 수 있지.

석류나무

서울 은평구에 있는 수국사에 들렀다가
비에 떨어진 아까시나무 꽃을 주웠다.
아까시 꽃은 이렇게 커다란 덩어리가 한 송이다.
집에서 그리려고 펼치니 꽃 속에서 개미가 기어 나왔다.
아까시 꽃의 달콤한 향기와 꿀이
개미에겐 참기 어려운 유혹이었을 것이다.

5. 12. 수국사에서

개미 →

아까시나무

전주 한옥마을을 걷다가 죽은 호랑나비를 주웠다.
정확한 이름은 제비나비다. 하지만 호랑나비과니까
호랑나비라고 불러도 되겠지.
뒷날개에 호랑이 눈 같은 게 붙어 있다.
그러다가 몰랐던 사실을 더 알게 되었다.
드로잉은 이래서 늘 좋다.

5. 5. 전주 한옥마을에서

빨대가
감겨 있다.

붉은 무늬 7개.
그걸 감싸고
날개맥(시맥)이 있다.

앞면에서 보면
안 보이던 무늬가 보인다.

제비나비

제비나비(5.14)

일본에 갔을 때 자주 봤던 매미다.

우리나라에는 제주도에 주로 서식한다.

제주도에 와서 처음 보았다.

우는소리가 '지르르르' 하고 마치 기름 끓는 소리와 비슷해서

유지매미라고 알고 있었는데,

한자를 찾아보니 기름종이라는 뜻의 '油紙'다.

날개가 투명하지 않고 기름 먹인 종이처럼

갈색을 띤다 해서 유지매미라고 하는 거란다.

일본어로는 '아부라세미', 기름매미라는 뜻이다.

우는소리 때문일까, 날개 때문일까?

8. 24. 제주 절물휴양림에서

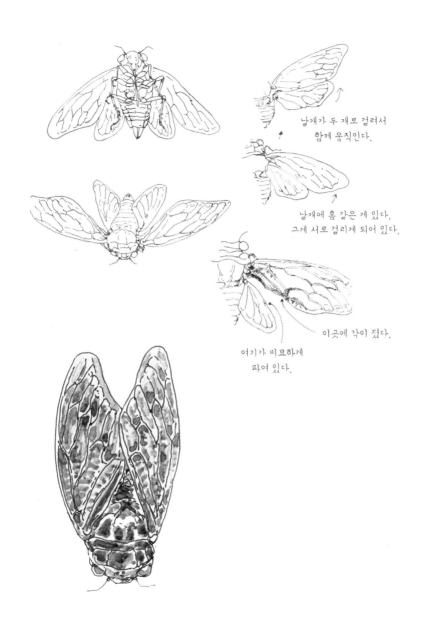

날개가 두 개로 걸려서
함께 움직인다.

날개에 홈 같은 게 있다.
그게 서로 걸리게 되어 있다.

이곳에 각이 졌다.

여기가 미묘하게
파여 있다.

유지매미

밝은 연두색 고치는 여름에는 잘 보이지 않는다.
나뭇잎들이 지고 나면 그제야 보인다.
유리산누에나방은 다른 곤충들에 비해 늦게 우화한다.
늦가을에 우화해서 고치가 비어 있다.
누에고치와는 다르지만 이 고치에서도
비단을 뽑아낸다고 들었다.

2. 1. 용인자연휴양림에서

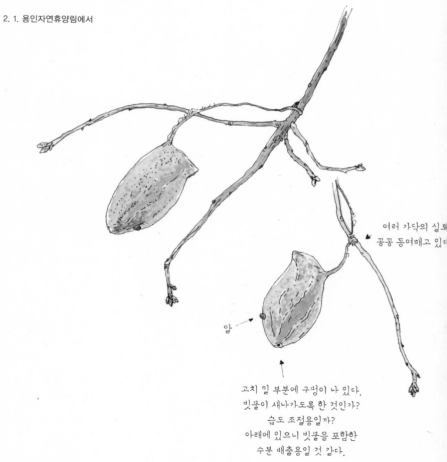

여러 가닥의 실로
꽁꽁 동여매고 있다

알

고치 밑 부분에 구멍이 나 있다.
빗물이 새나가도록 한 것인가?
습도 조절용일까?
아래에 있으니 빗물을 포함한
수분 배출용일 것 같다.

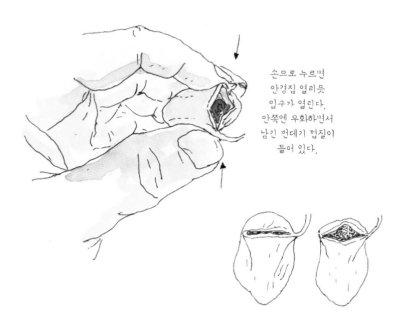

손으로 누르면
안경집 열리듯
입구가 열린다.
안쪽엔 우화하면서
남긴 번데기 껍질이
들어 있다.

유리산누에나방 고치

집에서 먹는 과일채소들도 때로 훌륭한 관찰 대상이다.
시골집에서 어머니가 보내준 고구마를 베란다에 두고 먹었는데
미처 먹지 못한 것들에서 싹이 났다.
싹이 나기 시작하면 뿌리인 고구마는 더 이상 맛이 없다.
그냥 버리기는 아까워 그려보기로 했다.
싹이 마치 한 그루 나무 같다.
절박한 상황에서도 뿌리가 갖고 있는 양분만으로
이렇게 많이 자라는구나. 그러고 보면 전분이 있는 씨앗들이
꽤 있는데 모두 수분이나 양분을 따로 섭취하지 못하는 상황에서도
어느 정도 살아갈 수 있도록 설계된 모양이다. 낙타의 등처럼.

10. 22. 집에서

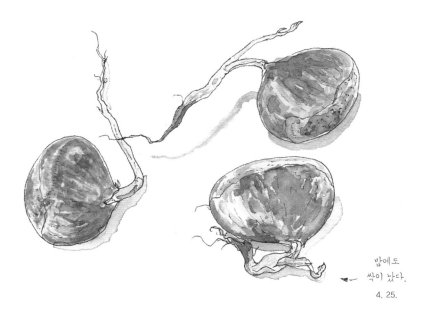

밤에도
싹이 났다.

4. 25.

고구마 / 밤

독이 있다고 해서 오랫동안 관상용으로만 길렀다는

토마토. 실제로 녹색 토마토에 '토마틴'이라는 독성분이 들어 있다.

토마토는 여름 채소다. 그런데 요즘은 계절 구분 없이 나온다.

덕분에 봄에도 이렇게 토마토를 먹을 수 있다.

사람들이 좋아하기 때문에 시도 때도 없이 쏟아지는 온실 야채들은

마치 양계장의 닭 같은 느낌이다.

인간을 위해 길들여지는 토마토를 생각하니 씁쓸하다.

5. 10. 집에서

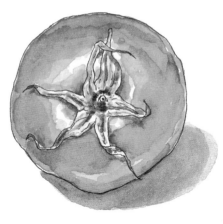

토마토

명지대에서 수업을 했다.

쉬는 시간에 한 분이 간식으로 싸온 오이를 주셨다.

집에서 직접 키운 것이란다.

먹기가 아까워서 집에 가져가 그림 그리고 먹겠다고 했더니

한 개를 더 주셨다.

집에 와서 그리면서 생각해보니 오이도 열매다.

반듯한 것도 있고 구부러진 것도 있다.

아마 주변 상황에 따라 그렇게 변한 것 같다.

식물의 기관 중에 나무껍질, 줄기, 뿌리, 이파리 등은

주변의 영향을 받아 잘 변한다.

하지만 꽃, 겨울눈, 열매 등은 잘 변하지 않는다.

그럼에도 열매가 이렇게 변화하고 있다는 것은,

뭐랄까, 유연함이라고 할까?

자신을 둘러싼 환경에 유연하게 대처하는 것이겠지.

오이에게서도 배운다.

6. 21. 집에서

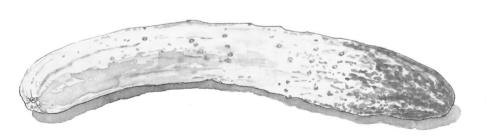

오이

동네 건물 옆에 있는 오동나무가 난도질을 당했다.

늘 오가면서 봐온 나무다. 꽃이 핀 모습부터 잎의 성장, 열매를 맺고
씨앗을 만들어내기까지의 온 과정을 빠짐없이 지켜봤다.

나무의 건강을 위해 적당한 가지치기는 필요하다지만 대부분은
제대로 된 방법으로 하지 않는다.

가지에 새살 고리가 잘 생기도록 배려하며 잘라야 하는데
인간의 편의대로 거슬리는 부분만 싹둑 잘라내기 일쑤다.

사람들은 주택가 전선 때문에, 나무가 건물을 망가뜨려서,
태풍이 올 때 가지가 부러질까봐 안전을 위해
가지치기를 한다고 말하지만 사실 가장 큰 이유는 간판 때문이다.

이 건물도 언젠가부터 가게 간판을 가린
오동나무 가지가 성가셨을 것이다.

하지만 그런 마음이라면 집 앞에 나무를 심지 않는 것이 좋다.
자라나는 나무를 내 마음에 맞춰 자꾸 잘라내는 것만이 능사는 아니다.
인간의 이기심이 커질수록 나무의 몸은 작아진다.

2월 말, 동네에서

오동나무

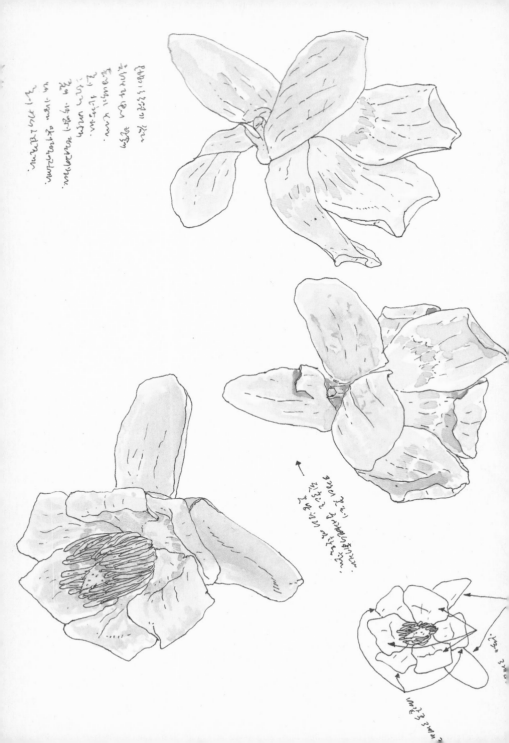

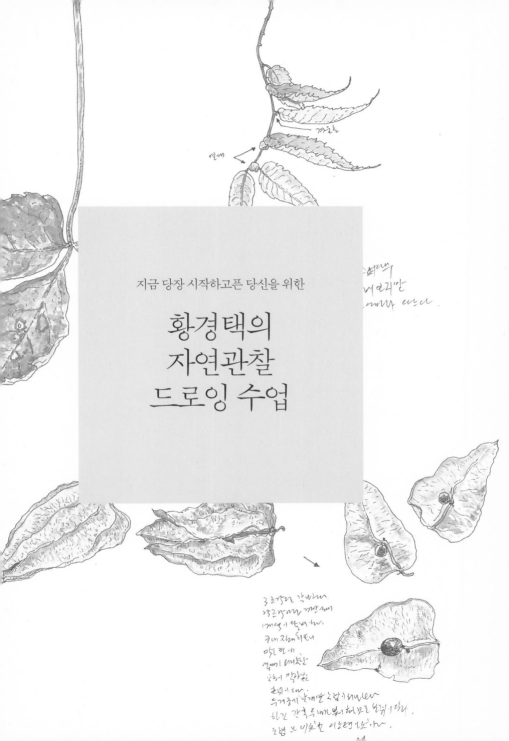

지금 당장 시작하고픈 당신을 위한

황경택의
자연관찰
드로잉 수업

우리는 왜 그럴까?

나는 오늘도 그림을 그린다. 연필로도, 펜으로도, 눈으로도, 마음으로도. 우리는 왜 그림을 그리고 싶어 할까? 인간이라서 그렇다. 인간은 그림을 그리고 싶어 하도록 태어났다. 어린아이를 보면 알 수 있다. 아기들은 누구나 그림을 그린다. 그것은 먹고, 싸고, 자고, 울고, 노래하고, 춤추는 것과 같은 원시적 충동이다.

인간은 예술적 감성도 타고 났다. 1만 5000년 전 구석기 시대 사람들이 그렸다는 라스코 동굴 벽화와 3만 2000년 전의 쇼베 동굴 벽화를 보라. 그보다 오랜 약 40만 년 전 유적에서는 물감으로 추정되는 물질이 발견되었다. 인류는 아주 오래 전부터 예술 활동을 해온 것이다. 그들이 그림을 왜 그렸는지, 잘 그렸는지, 무엇으로 그렸는지는 중요하지 않다. 중요한 것은 그들이 그림을 그리고자 했다는 사실이다. 그들에게도 예술적 충동이 있었고, 지금 우리와 같은 감성을 갖고 있었다는 것이다. 그런데 그것은 왜 생긴 걸까?

인간은 자기를 표현하고 싶어 한다. 말로, 그림으로, 노래로, 몸동작으로, 춤으로, 글로……. 그림은 나를 표현하는 하나의 방법이다. 그런데 왜 표현하려고 할까? 나라는 사람을 찾고 남기고 싶어 한다. 바로 존재감이다. 우리는 모두 죽는다. 인간이 가장 두려워하는 것은 죽음이다. 죽음과 함께 자신이 사라지는 것에 대한 두려움이 있다. 내가 다른 이들의 기억에서 사라진다고 생각하면 허무해진다. 그렇다면 남겨야 한다. 내 흔적을. 말로, 그림으로. 글로. 말은 어느 순간에 사라진다. 그래서 그림을 그리고 그것이 글로 발전하게 되었다.

한편으로 우리는 누구나 매력적인 사람이고 싶다. 다른 이보다 뭔가 잘하는 사람이고 싶다. 외모가 멋지거나, 성격이 좋거나, 능력이 좋거나, 재능이 뛰어나거나, 무언가 더 갖추고 있어야 매력적인 사람의 테두리에 들어갈 수 있다. 그런 이유로 그림도 잘 그리고 싶어 한다.

그리고 우리는 심심해서 그리기도 한다. 늘 밥 먹고 일하고만 살 수는 없다. 놀고 싶다. 그림은 놀이다.

그림을 잘 그리면 뭐가 좋을까?

그림을 잘 그리게 되면 앞에서 말한 자기존재감, 표현력 등이 채워지면서 인생에 충만감을 느낄 수 있다. 하지만 그것은 너무 광범위한 이야기이다. 좀 더 구체적으로 말하면, 관찰력이 좋아진다.

관찰력 없이 그림을 그리기는 어렵다. 또한 그림을 그리다 보면 관찰력이 더욱더 좋아진다. 관찰력이 좋아진다는 것은 이제껏 보던 것과는 다른 것을 보게 된다는 뜻이다. 즉, 섬세해진다. 귓등을 스치는 바람이 어제의 바람과 달라지고, 볼을 간질이는 햇살도 어제의 햇살과 다르다. 다른 내가 되는 것이다. 세상이 달라진다.

이 얼마나 행복한 일인가? 몸 안의 세포가 다 일어나 그간 흘려보내고 잊고 느끼지도 못하던 것을 보게 만든다. 누구에게나 비슷하게 주어진 삶의 길이. 그것을 더 깊고 넓고 풍성하게 보내는 방법은 바로 '섬세하게' 사는 것이다. 그림을 잘 그리면 섬세해질 수 있다.

섬세한 사람이 되면 다른 분야로 재능 확장도 가능하다. 만들기도 더 잘하게 되고, 소리도 더 잘 들리고, 노래도 잘 부르게 되고, 글도 더 잘 쓰게 된다. 그림을 잘 그리면 결국 행복한 삶에 다가갈 수 있다. 지구인 모두가 그림을 잘 그리면 좋겠다.

그림을 잘 그리고 싶다면?

그림을 잘 그리기 위해서 해야 할 일은 많다. 하지만 한 가지만 말하라고 한다면, 자연을 그리는 것이다. 꽃, 잎, 열매, 곤충, 새…… 자연물은 종류도 다양하고 형태도, 색상도, 질감도 모두 다르다. 그것을 다 그리다 보면 어느새 무엇이든 잘 그릴 수 있게 된다.

또한, 방 안에서 죽어 있는 사물을 그리지 말고 밖으로 나와 살아있는 생명체를 그려야 한다. 그래야 생명력 있는 그림을 그릴 수 있다. 사진이나 그림을 보고 그리지 말고 실물을 직접 눈으로 보고 그리는 것이 좋다. 그림은 눈앞의 실물을 평면인 종이로 옮기는 일이다. 그런데 이미 평면에 있는 것을 다시 평면으로 옮기는 것은 큰 도움이 되지 않는다. 물론 안 하는 것보다는 낫다. 그래도 같은 노력과 시간을 투자한다면 실물을 직접 보고 그리는 편이 훨씬 좋다.

그림을 그리다 보면 어느덧 명상에 잠기며 그 대상과 만나게 된다. 그러면 자연물들이 왜 그런 형태를 갖게 되었는지 이해하게 되고, 몰랐던 사실도 알게 된다. 우리는 자연이다. 자연의 일부이다. 우리 자신을 들여다보고, 주변의 자연을 그리면서 가까워지고 이해하게 된다면 그것만큼 좋은 그리기가 어디에 있겠는가?

지금 당장 밖으로 나가서 자연물을 보고 그려라.

진정한 나 자신을 만나게 될 것이다.

 끄적이기 시작하다

그림 그리기를 어려워하지 말자. 그냥 그리면 된다. 그림을 못 그리는 사람은 없다. 노래를 못하는 사람도 없다. 사물과 아주 닮게 그리지 못하거나, 음정이나 박자에 맞춰서 노래하기가 어려울 뿐이다.

노래를 못해도 흥얼거리듯이, 그림을 못 그려도 낙서를 하듯이, 가벼운 마음으로 시작해보자. 일단 아무거나 그려보는 것이 좋다.

안 틀리고 그리는 방법

내가 본 사물을 틀리지 않고 비슷하게 그리는 방법은 뭘까? 아주 간단하다. 지금 내 주머니 속에 들어 있는 소지품을 한 가지 떠올려보자. 그것을 최대한 생각나는 대로 정확히 그려보자. 물론 보지 않고 그린다.

이제는 그 사물을 꺼내놓고 보면서 그려보자.

어떤가? 어느 것이 더 잘 그렸는가?

안 틀리게 그리려면 무조건 보고 그리면 된다. 보고 그리면 안 보고 그리는 것보다 훨씬 잘 그린다. 한번 보고 그리기를 한 대상은 다시 안 보고 그려도 처음에 그렸던 것보다 훨씬 잘 그릴 수 있다. 즉, 보고 그리기를 한번 해보는 것만으로도 그림 실력은 늘어난다.

어릴 때 학교에서 한 반에 한두 명은 그림을 빼어나게 잘 그리는 친구가 있었다. 그 아이들은 보고 그리지도 않는데 잘 그렸다. '아, 저 애들 그림을 보니 난 못 그리는 거네. 저렇게 타고난 애들이 있는데 나는 정말 못 그리는 거야' 하고 포기하지 않았던가? 그런데 놀랍게도 그 아이들이 그림을 잘 그리게 된 비결이 있다. 그것은 바로, 방금 우리가 했듯이 집에서, 혹은 학원에서 한번은 보고 그리기를 했던 것이다.

그림 그리기 재능을 타고나는 사람은 없다. 나보다 잘 그리는 사람이 있다면 그는 나보다 먼저 연습했고, 많이 연습했을 뿐이다.

선으로 사물 묘사하기

보고 그리면 된다고 하지만, 지금 방금 보고 그렸는데도 조금씩 틀리는 부분이 있다. 단순히 연습 부족일까? 물론 그렇다. 하지만 연습하는 방법에서 뭔가 한 가지를 빠뜨려서 그렇다.

그림 그리기가 참 묘하다. 내 눈앞에 있는 의자를 그리고 싶은데 그림을 그리려고 도화지에 펜을 대는 순간, 바로 그 순간에 의자를 안 본다. 아무리 보고 그리려고 해도 종이에 옮길 때는 결국 사물에서 눈을 떼야만 한다. 종이에 집중해야 하니까. 그러니 틀리는 것이다.

그렇다면 우리가 선택할 방법은 무엇인가? 보고 그리되 더 안 틀리게 그리는 법, 이 역시 간단하다. 안 보고 그려도 안 틀릴 만큼만 그리면 된다. 정확히 기억나는 만큼만 그린다. 즉, 조금 보고 조금 그리기를 수차례 반복하면서 그린다. 내 앞

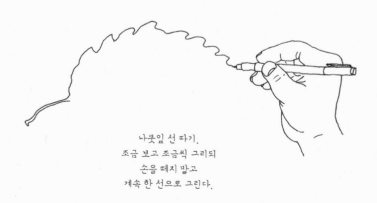

나뭇잎 선 따기.
조금 보고 조금씩 그리되
손을 떼지 말고
계속 한 선으로 그린다.

의 사물을 1밀리미터만 보고 그림도 1밀리미터만 그린다. 그것을 틀리는 사람은 거의 없다.

그림을 못 그리는 사람 대부분은 마음이 앞서서 눈도 앞서는 경우가 많다. 손이 그것을 따라갈 수 없어 틀리는 것이다.

나뭇잎을 그린다고 생각해보자. 안 틀리고 그리려면 사물과 종이를 번갈아가며 짧은 시간씩 봐야 한다. 손은 계속해서 천천히 움직이고 있다. 눈은 그 손이 안 틀리게 봐주기만 하면 된다. 손을 떼지 말고 한 선 긋기로 갈 수 있는 끝까지 가본다.

전체적인 구도를 먼저 잡고 연필로 슥슥 밑그림을 그린 다음 펜으로 제대로 된 선만 골라서 깔끔하게 그리는 방식의 드로잉 수업은 잠시 잊자. 그렇게 구도를 잡고 그리다 보면 오히려 섬세한 것을 놓치게 된다. 큰 덩어리로 사물을 보다 보면 작은 부분을 무시하고 지나가게 된다.

연필을 버리고 곧바로 펜으로 그려보자. 틀리는 것을 두려워하지 말자. 이제 시작인데 틀리는 것이 당연하지 않은가?

공간 그리기

그림 그리기의 출발이 관찰이었다면 다음 단계는 사물을 선으로 인식하고 내가 가진 펜으로 그것을 종이에 옮기는 일이다. 눈앞에 있는 사물을 선으로 묘사할 줄 알아야 한다.

사물의 테두리 선을 따서 천천히 한 선으로 그려나가다가도 펜이 이상한 방향으로 지나가는 경우가 있다. 그렇다면 선이 제자리를 찾아가는 연습도 해보자.

먼저 나무를 그려보자. 나무를 선으로 표현해보자.

나뭇잎이 많을 때는 나무를 그리기 어렵다. 가을이 되어 잎이 지기 시작하면 나무는 고스란히 자신의 몸매를 보여준다. 그럴 때 나무의 알몸을 그려보자. 가을이 아닌 계절에는 뿌리에서 시작해 잔가지로 가기 전의 큰 줄기까지만 그린다.

천천히 선을 따면서 그린다. '내 펜이 지금 나무의 저 부분을 지나고 있구나' 하고 느끼면서 그린다.

다 완성되었다면 실제와 그림을 비교해보자. 이때, 나무 말고 그 외의 공간이 실제와 같은지를 비교해본다. 예시 그림에서는 나무와 하늘이 만들어낸 공간의 크기를 비교한다(오른쪽 그림에서 검은 부분이다).

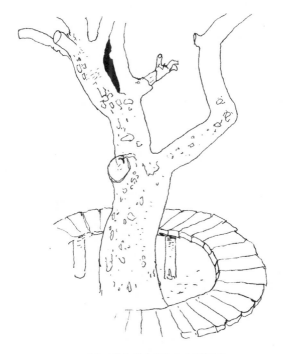

검은 부분을 실제 풍경과 비교해보자.

사람들은 그림을 그릴 때 대부분 그리는 대상의 내부만 보지만 주변 공간까지 볼 줄 알아야 한다. 나무와 하늘이 만들어낸 공간 사이에 나의 펜이 있다. 내부와 외부를 동시에 보면서 펜의 위치를 바로잡는다. 그러면 선은 더 정확하게 가야 할 길을 지나간다.

빨리 그리기

그림을 그릴 때 너무 많은 시간 집중하고 앉아 있으면 머리가 아프고 지루하고 힘이 든다. 아무리 복잡하고 커다란 그림이라도 한 시간 이상 앉아 있지 말자. 작고 간단한 그림부터 시작하는 것도 좋은 방법이다.

얼마나 빨리 그려야 할까?

먼저 나뭇잎 한 장을 시간을 재면서 그려보자. 6분 안에 나뭇잎을 다 그려보자.

이제 다시 그려보자. 3분 안에 나뭇잎을 그려보자.

두 그림을 비교해보자. 6분 동안 그린 그림이 3분만에 그린 그림에 비해서 두 배 더 잘 그렸는가? 그렇지 않다. 거의 비슷하다. 그림을 천천히 그린다고 더 잘 그려지지는 않는다.

야외에서 움직이는 동물을 만났을 때 천천히 그린다면 그 동물은 이미 지나가고 없다. 급하게 이동해야 하는데 너무나 그리고 싶은 대상이 나타났을 때도 역시 그릴 수 없다. 이럴 때 '난 못해. 안 그릴 거야' 하고 포기하기보다, '간단하게 그리더라도 안 그리는 것보다는 낫다'는 생각을 갖고 시도하는 게 좋다.

그림에 흥미를 잃는 사람들은 시간이 너무 오래 걸려서 부담스러워서 포기했다는 경우가 많다. 나뭇잎 한 장 정도라면 펜으로 선을 따는 데 3분이면 충분하다. 그런 마음으로 조금씩 속도를 단축하며 그려보자.

하지만 그림 한 장을 그리는 속도는 처음부터 끝까지 일정해야 한다. 어떤 부분은 어렵다고 천천히 그리고 어떤 부분은 쉽다고 빨리 그리면 선의 속도가 달라져서 그림이 산만해 보일 수 있다. 쉬운 부분이나 규칙적이고 반복적인 선이라도 천천히 다른 선의 속도에 맞춰 그린다.

그리고 어느 정도는 생략해서 그린다. 우리 인간의 눈은 가장 좋은 카메라다. 모든 게 잘 보인다. 하지만 내가 갖고 있는 펜으로는 그것을 다 그려낼 수가 없다. 펜의 한계를 생각해서 펜으로 표현할 수 있을 만큼의 섬세함까지만 그리는 게 좋다.

초정밀 사진처럼 극세밀화를 그리는 게 아니다. 그런 스트레스에서 벗어나야 한다. 차라리 선을 쓸 때 어느 정도 속도감을 줘도 좋다. 오히려 생생한 선이 그려져서 살아있는 그림이 될 수 있다.

재질 표현하기

모든 사물이 같은 느낌은 아니다. 먼저 플라스틱 볼펜을 그려보자. 대상이 플라스틱으로 만들어졌음을 인식하고 이왕이면 그 재질의 특성이 드러나게 그린다는 마음을 갖자.

자, 이번에는 휴지를 한 장 꺼낸다. 휴지를 한 번 구기고 살며시 펴서 내려놓은 다음에 같은 펜으로 천천히 그리자. 역시 휴지처럼 보이도록 그린다는 생각으로 그린다.

이제 두 그림을 비교해보자. 무엇을 보아야 할까? 바로 선의 굵기다. 어느 쪽 선이 더 굵을까? 볼펜을 그린 선이 더 굵을 것이다. 나도 모르게 그 물건답게 그리려다 보니 휴지를 그릴 때는 손에 힘을 빼면서 살며시 그린 것이다. 그것이 바로 질감을 살려 그리는 방법이다.

모든 사물은 저마다 질감이 다르다. 그것을 표현하기는 쉽지 않지만 그것답게 그려야지 하고 마음만 먹어도 얼추 비슷하게 표현할 수 있다.

우리가 그리는 자연물들은 대개 곡선으로 이루어져 있고 형태가 자유롭다. 그리고 꽃잎이나 나뭇잎의 잎맥 등 부드럽고 여린 선으로 표현해야 할 것들이 많다. 휴지를 그렸던 선의 느낌을 잘 기억해서 자연물 그리기에도 활용해보자.

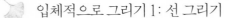 입체적으로 그리기 1: 선 그리기

선 따기만으로 입체감을 표현할 수 있을까? 시선을 한 방향에서 유지하면서 그리다 보면 입체적으로 그릴 수 있다.

예를 들어 종이컵을 그려보자. 먼저 책상에 놓고 보이는 대로 그린다.

이제 일어서서 그 위치에서 보이는 대로 그린다.

마지막으로 책상에 턱을 대고 낮은 자세에서 보이는 대로 그린다.

세 개의 종이컵 모양이 다 달라야 한다. 컵의 입구와 바닥 모양 등 어디에도 같은 부분이 없어야 한다. 그래야 잘 그린 것이다. 눈 위치를 고정해 보이는 대로 그리다 보면 선 하나로도 충분히 입체감을 표현할 수 있다.

🌿 입체적으로 그리기 2: 명암 그리기

채색을 하면 굳이 펜으로 명암을 넣지 않아도 되지만 채색 없이 입체감을 표현하고
자 한다면 명암을 넣는 것이 좋다. 어려운 명암 넣기를 쉽게 하는 방법이 있다.

먼저 도화지 귀퉁이에 명암 팔레트를 하나 만든다. 길쭉한 사각형을 그리고 칸을
5~6단계로 나눈다.

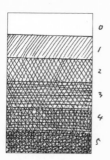

맨 위칸은 0단계로 아주 밝은 단계다. 칸을 비워둔다.
두 번째는 1단계로, 한쪽 방향으로만 빗금을 긋는다.
세 번째는 2단계로, 양쪽 방향으로 빗금을 긋는다.
네 번째는 3단계로, 빗금을 더 긋는다.

그렇게 아래로 내려가면서 빗금의 개수를 늘려가다 보면 점점 어두워져가는 명
암판이 만들어진다.

미술시간에 석고상 그리기를 하면서 명암을 배우는 이유는 석고상은 하얗게 생
겨서 색이 없고 명암만 보이기 때문이다. 초보자들은 색깔이 있는 사물에서 명암을
발견하기가 쉽지 않다. 그러므로 흰색 물체를 그리면서 연습하는 게 좋다. 가장 쉽
게 구할 수 있는 재료는 바로 종이다.

종이를 한 장 찢어서 손으로 구긴다. 어느 정도 구기면 입체적인 도형으로 변한다.
그것을 도화지 명암판 옆의 빈 공간에 선으로 따서 그려놓는다.

다 그렸다면 이제 눈을 게슴츠레 뜬다. 그 눈으로 종이 뭉치를 가만히 들여다보면
아주 밝은 곳이 보인다. 그곳이 바로 명암 0단계다. 이곳엔 선을 그리지 않아도 된다.

0단계를 제외한 나머지 부분은 1단계 이상이다. 그러니 빗금을 한 방향으로 넓게 그린다. 0단계를 제외한 모든 곳에 1단계를 적용시키는 것이다. 그렇게 0단계와 1단계만 구분해도 명암 넣기를 반 이상 한 셈이다.

이제 0단계는 잊고 빗금 그어진 부분을 바라본다. 그중에서 역시 밝아 보이는 지점들이 1단계이고 나머지는 2단계 이상이다. 1단계를 제외한 나머지 부분에 빗금을 추가한다. 이런 방법으로 높은 단계마다 빗금을 추가해나가면 명암이 멋지게 들어간 종이뭉치 그림을 얻게 된다.

종이를 구기고 그것을 그대로
선으로만 그린다.

명암 0단계인 부분만 놔두고 나머지는 모두
1단계를 적용해서 선 하나를 긋는다.

1단계로 생각되는 부분을 놔두고 나머지에
2단계를 적용해서 선을 하나 추가한다.

3단계까지 적용한 모습.

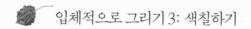

입체적으로 그리기 3: 색칠하기

색칠하기도 선 따기와 다를 바 없다. 즉, 보고 관찰한 그대로 칠하면 된다. 사람들이 주로 채색에 실패하는 이유는 보이는 그대로가 아닌 관념의 색을 칠하기 때문이다.

채색하기 전에 어떤 순서로 채색할지 간단히 짚어보자.

첫째, 내가 그려야 할 사물의 색을 읽어낸다. 자연은 무엇이든 한 가지 색이 아니다. 자세히 들여다보면 여러 가지 색이 들어 있다. 단풍잎 한 장을 그려도 그냥 붉은색이 아니다. 노란색도 있고 주황색도 있고, 점점이 초록색도 있고, 갈색도 있고, 실로 다양한 색깔이 들어 있다.

둘째, 색을 찾는다. 일단 팔레트에서 대상이 지닌 색과 가장 가까운 색을 찾는다. 물론 그 색을 바로 칠하면 안 된다.

셋째, 색을 만든다. 내가 원하는 색이 나올 때까지 몇 가지 색을 섞어가며 만든다. 팔레트에서 만들어진 색과 종이에 칠했을 때의 색은 또 다르다. 자투리 종이에 직접 칠해보면서 원하는 색을 찾는다.

비슷한 색이 만들어졌을 때 칠하기 시작한다. 처음에는 색깔이 너무 다양한 대상보다는 단순한 대상을 정해 그리기 시작하고, 차차 다채로운 색을 품은 자연물로 옮겨가는 것이 좋다.

채색 재료는 수채화물감을 추천한다. 색깔 찾기와 만들기가 색연필보다 쉽고, 채색의 기본이 되는 물감이라서 잘 익혀두면 나중에 다른 채색도구를 사용하기도 쉽다.

수채화를 그릴 때는 색 입히는 순서가 있다. 밝은 색을 먼저 칠하고 어두운 색을 나중에, 연한 색을 먼저 칠하고 진한 색을 나중에 칠한다. 넓은 면적을 큰 붓으로 먼저 칠하고 좁은 면적은 작은 붓으로 섬세하게 칠한다.

붓질을 할 때도 이왕이면 대상의 특징을 살리며 표현하는 것이 좋다. 단풍이 번진 듯 보이면 물감이 마르기 전에 다른 색을 칠해서 번짐 효과를 주고, 단풍이 점 찍히듯이 들어 있다면 붓도 점찍듯이 찍어가면서 칠한다.

그림자 그리기

자연물을 그릴 때 처음에는 주워서 집에 가져와서 그리는 것이 좋다. 곧 정물화인
셈이다.

정물화는 그림자가 있어야 완성된다. 우리 눈은 이미 사물을 볼 때 그림자를 같
이 보고 있다. 그림자가 있음으로 해서 입체감을 느낀다. 그림에 그림자를 빼먹으면
우리 뇌는 이것은 평면이다, 그림이다, 사실과 다르다고 생각한다. 그림자를 넣어줌
으로써 비로소 사실과 가까워진다.

그림자는 그 사물이 놓인 책상이나 테이블보다 어두운 색이다. 사물이 흰색 종이
위에 있다면 회색으로 나온다. 회색은 검은색 물감에 물을 많이 넣어서 만들 수 있
다.

붓으로 직접 그림자를 그려 넣어보자. 그림자도 그림이다. 명확하게 보이는 대로
그리자.

글쓰기

그림을 그린 후에는 꼭 메모를 한다. 날짜를 기록하고, 관찰한 내용을 최대한 구체적으로 적는다. 내가 그 사물을 그리고 그에 대한 글을 쓸 수 있는 것에서부터 비로소 사물을 제대로 보기 시작한 것이다. 글로 쓸 수 없다면 제대로 본 것이 아니다.

어떤 사물이 어느 날 낯설게 다가오면서 눈에 띄고 그것을 그리게 된다. 낯설게 다가온 바로 그 순간이 사물을 처음으로 만난 때다. 전에는 그저 존재했을 뿐 나와 만났다고 할 수 없다.

글은 크게 사실에 대한 기록과 그리고 난 후의 소감이나 느낀 점, 연관된 이야기 등을 적는다. 사실에 대한 기록은 이후 과학적으로 가치를 지닐 수도 있다.

어쨌든 그림을 그렸다면 반드시 글을 써야 한다.

그래야 관찰그림이다.

황경택의 자연관찰 드로잉

오늘은 빨간 열매를 주웠습니다

초판 1쇄 발행 2015년 9월 10일
2쇄 발행 2016년 7월 20일
개정 1쇄 발행 2019년 1월 10일

글 · 그림 황경택
펴낸이 박희선

디자인 디자인 잔
사진 박희선, 황경택
발행처 도서출판 가지
등록번호 제25100-2013-000094호
주소 서울 서대문구 거북골로 154, 103-1001
전화 070-8959-1513
팩스 070-4332-1513
전자우편 kindsbook@naver.com

ISBN 979-11-86440-39-1 (03480)

이 도서의 국립중앙도서관 출판예정도서목록(CIP)은
서지정보유통지원시스템 홈페이지(http://seoji.nl.go.kr)와
국가자료공동목록시스템(http://www.nl.go.kr/kolisnet)에서 이용하실 수 있습니다.
(CIP제어번호: CIP2018041420)

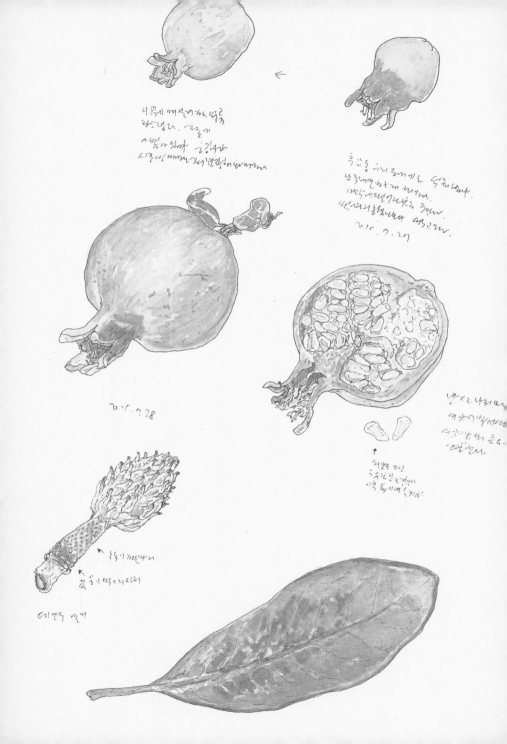

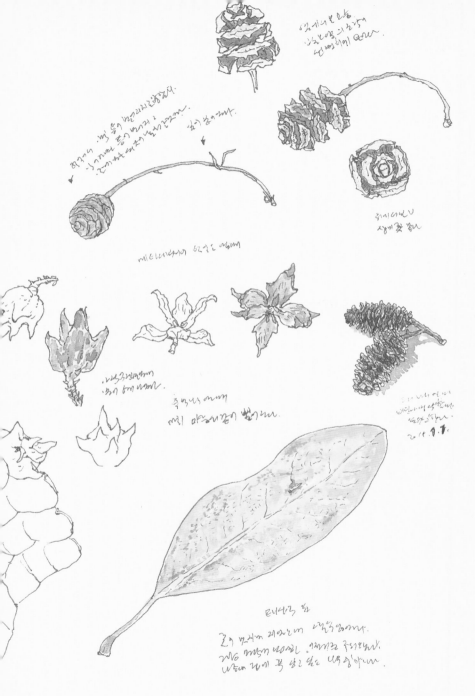